Zeynep Ozdemir
G. Bahar Basim

Aplicação de polimento químico-mecânico em implantes de titânio

Zeynep Ozdemir
G. Bahar Basim

Aplicação de polimento químico-mecânico em implantes de titânio

ScienciaScripts

Imprint

Any brand names and product names mentioned in this book are subject to trademark, brand or patent protection and are trademarks or registered trademarks of their respective holders. The use of brand names, product names, common names, trade names, product descriptions etc. even without a particular marking in this work is in no way to be construed to mean that such names may be regarded as unrestricted in respect of trademark and brand protection legislation and could thus be used by anyone.

Cover image: www.ingimage.com

This book is a translation from the original published under ISBN 978-620-2-01436-6.

Publisher:
Sciencia Scripts
is a trademark of
Dodo Books Indian Ocean Ltd. and OmniScriptum S.R.L publishing group

120 High Road, East Finchley, London, N2 9ED, United Kingdom
Str. Armeneasca 28/1, office 1, Chisinau MD-2012, Republic of Moldova, Europe
Printed at: see last page
ISBN: 978-620-7-68960-6

ÍNDICE DE CONTEÚDOS

RESUMO

Os biomateriais são normalmente utilizados como materiais de implante no corpo para próteses dentárias, aplicações ortopédicas, válvulas cardíacas e cateteres. Com base nos estudos de investigação realizados até à data, sabe-se que o titânio e as suas ligas são os materiais mais biocompatíveis devido às suas propriedades de superfície, bem como às suas extraordinárias propriedades mecânicas. Os métodos de processamento dos materiais de implante podem afetar as propriedades da superfície e conduzir a contaminações que podem diminuir a biocompatibilidade e a pureza, resultando em infecções nos doentes após a implantação, que podem atingir 4% do número de doentes portadores de implantes. A alteração da rugosidade da superfície e a formação de uma película de óxido de superfície são dois métodos habitualmente utilizados na literatura para aumentar a biocompatibilidade e assegurar a bio-inertez do material de implante. Os métodos de jato de areia e de gravura química são habitualmente utilizados para modelar as superfícies de titânio de modo a alterar a rugosidade da superfície, mas estas técnicas podem causar contaminação da superfície. No entanto, os outros métodos alternativos, como o revestimento por plasma a alta temperatura e a modelação por laser, são dispendiosos.

Neste estudo, o processo de polimento químico-mecânico (CMP) é estabelecido como uma técnica alternativa aos métodos existentes na literatura para alterar as propriedades da superfície do material do implante. O processo CMP é um dos métodos utilizados na indústria de semicondutores para assegurar a planarização da superfície através de acções mecânicas e químicas simultâneas. As partículas abrasivas nas pastas de polimento proporcionam o efeito mecânico durante o processo, permitindo a erosão ao nível nanométrico e limpando o implante de qualquer potencial contaminação durante a sua maquinação. Os componentes químicos da pasta, incluindo os estabilizadores, os ajustadores de pH e os oxidantes, por outro lado, ajudam a formar uma película de óxido passiva que reveste a superfície. Geralmente, a CMP é utilizada para formar superfícies muito lisas, mas foi demonstrado que, alterando a dimensão das partículas da lama e as propriedades do material da almofada, também é possível gerar uma rugosidade controlada na superfície polida. A natureza protetora da película de óxido gerada permite a planarização em aplicações de semicondutores. Nas aplicações de CMP em implantes, acredita-se que ajuda a reduzir a contaminação na superfície dos bio-implantes no ambiente corporal e a reduzir o risco de infeção ao parar as reacções químicas in-vivo. Foi demonstrado na literatura que a aplicação de CMP em películas de Ti foi bem sucedida em termos de criação de uma superfície lisa e de uma película de óxido de TiO2. No entanto, a sua película de óxido nativa após CMP não foi totalmente caracterizada quanto à sua natureza protetora, para além das propriedades passivadoras das películas de Ti/TiN em aplicações CMP de semicondutores. A película de óxido de titânio é conhecida por promover a biocompatibilidade, a adesão celular e a formação de camadas de hidroxiapatite. No entanto, as películas de óxido obtidas por métodos de oxidação artificial resultam em películas espessas e têm estruturas porosas. Por conseguinte, neste estudo, o processo CMP foi aplicado às placas de Ti em sinergia para remover as camadas superficiais potencialmente contaminadas e induzir uma rugosidade controlada nas superfícies dos implantes. Além disso, as camadas de óxido da superfície tratada foram caracterizadas quanto à natureza das camadas de óxido de metal em termos das suas propriedades de auto-proteção.

Além disso, a biocompatibilidade das superfícies implementadas com CMP foi avaliada através do crescimento celular e das capacidades de resistência à infeção através de análises de biofilme, tendo sido determinados parâmetros de superfície óptimos de acordo com a conveniência das respostas de superfície que ajudam a promover o comportamento celular.

Em termos de transposição dos resultados desta dissertação para estudos futuros, o desenvolvimento de um processo CMP tridimensional, tendo em conta a natureza tridimensional dos implantes, é a necessidade mais importante. Acredita-se que a aplicação do processo CMP tridimensional nas superfícies dos implantes seja um método económico e mais eficaz para estruturar a superfície dos bioimplantes à base de titânio. O objetivo é continuar a desenvolver uma metodologia de nanoestruturação de superfícies baseada em CMP para criar superfícies de engenharia nos bioimplantes à base de Ti com superfícies auto-protectoras para minimizar a reatividade química e bacteriana, promovendo simultaneamente a sua biocompatibilidade através da modelação simultânea da superfície.

CAPÍTULO I

INTRODUÇÃO

Os métodos de tratamento de superfícies são aplicados a materiais implantáveis para proporcionar as propriedades desejadas para acelerar o desempenho da cicatrização in vivo, de modo a obter uma rotina de implantação avançada. O sucesso de uma operação de implantação médica é influenciado por muitos factores, que dependem principalmente da resposta das células do tecido hospedeiro circundante à presença do implante. A biocompatibilidade, a bioestabilidade e as propriedades da superfície do material, como a composição química, a molhabilidade e a energia da superfície, são os principais factores que desempenham um papel importante na interação tecido-implante e na integração óssea. Estudos recentes na literatura mostram que o aumento da rugosidade da superfície aumenta simultaneamente a área total da superfície e melhora a adesão das células ao material do implante [LeG07, Sam05, Zha06]. Muitas propriedades para além da superfície do implante e da sua composição contribuem para o desempenho do implante no processo de cicatrização, incluindo o tipo de material a granel selecionado. Como substituto de tecidos duros, o titânio comercialmente puro (cp Ti) e a sua liga Ti-6Al-4V são amplamente preferidos como biomateriais de substituição em vez do aço inoxidável e da liga Cr-Co. Isto deve-se às propriedades mecânicas superiores (relação resistência/densidade) e à biocompatibilidade do Ti devido à formação de uma camada de óxido passiva estável que serve de camada de passivação no Ti quando este é colocado num ambiente fisiológico [Bud04, Jùnll, Eli08, Sch08]. O titânio tende a formar uma camada de óxido amorfa e estequiometricamente imperfeita no ar, que é referida como uma camada de óxido protetora. Este óxido de titânio nativo é definido como um biomaterial cerâmico inerte e tende a formar naturalmente uma ligação química direta com o tecido ósseo [Sul03, Gem07, Var08]. A qualidade e as propriedades da película de óxido de titânio, tais como a espessura, a porosidade e a estrutura cristalina, são também diretamente afectadas pelo método de tratamento de superfície selecionado [Var08, Gul04, Cho11].

A Figura 1.1 mostra a classificação dos métodos de tratamento da superfície dos implantes, incluindo processos aditivos e subtractivos realizados por métodos mecânicos, químicos e físicos. Estas técnicas são utilizadas nos materiais dos implantes para alterar a química da superfície, a estrutura química, as propriedades biomecânicas e a morfologia [Ani11]. Os métodos mecânicos, incluindo os processos de maquinagem e jato de areia, resultam geralmente num acabamento de superfície liso ou rugoso para manipular a resposta dos tecidos. Os implantes maquinados ou geralmente designados por "implantes torneados" são o antecedente da indústria de implantes dentários, no entanto, a topografia da superfície resultante tem geralmente as marcas e os vestígios das ferramentas de fabrico utilizadas [Pat16]. Por outro lado, a granalhagem é uma das técnicas mais comummente aplicadas para aumentar a rugosidade da superfície, utilizando partículas de vários tamanhos, incluindo principalmente alumina (Al2O3) e titânia (TiO2) como grãos duros [Li99, Kim08]. A rugosidade da superfície depende da técnica de aplicação do processo de jato de areia e do tipo e tamanho das partículas utilizadas. No entanto, algumas das partículas são normalmente deixadas na superfície do material após o processo de jateamento, o que pode prejudicar a formação óssea por uma possível ação competitiva sobre os iões de cálcio [Wen96].

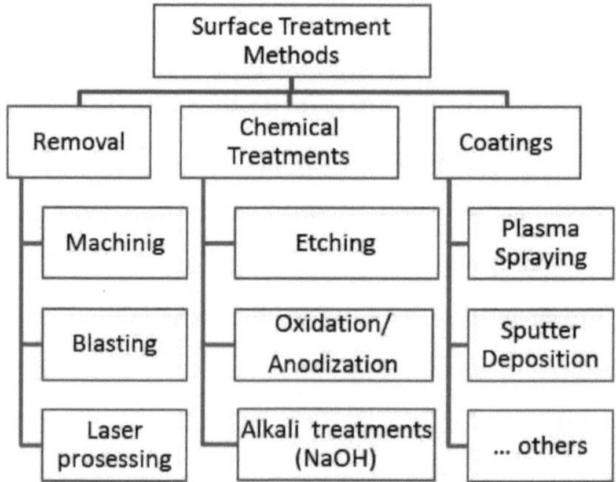

Figura 1.1 Classificação dos métodos de tratamento de superfície de acordo com o tipo de processo implementado.

Foram tentados novos métodos para resolver estes problemas, utilizando partículas mais biocompatíveis, como a hidroxiapatite (HA) e o fosfato de cálcio bifásico (BCP), para reduzir o efeito da contaminação das partículas na resposta dos tecidos, que têm um melhor desempenho em termos da sua integração in vivo.

Para além dos tratamentos mecânicos, foram também utilizados métodos químicos para melhorar as características da superfície em combinação com os métodos mecânicos. O método de tratamento da superfície por jato de areia e ataque ácido (SLA) é um exemplo deste tipo de métodos, que inclui o processo de jato de areia seguido de um tratamento de ataque ácido no implante. A aplicação de imersão química num implante utilizando uma solução ácida altera a estrutura da superfície e ajuda a remover da superfície do implante as partículas incorporadas no implante durante a operação de jato de areia. São normalmente aplicadas diferentes soluções e combinações de ácidos para tratamentos químicos de superfície em função do tipo de ácido, da concentração e da duração da exposição. O processo de condicionamento ácido é normalmente efectuado como um procedimento separado após o jato de areia ou outros tratamentos mecânicos. Observou-se que melhora a integração óssea, mas após a operação de condicionamento ácido, forma-se uma película de aspeto desfocado na superfície do implante [Sin12, Oka09]. Para além destes métodos químicos, as aplicações de revestimento são outras alternativas para a melhoria das propriedades da superfície dos materiais de implante. Para o processo de revestimento, a pulverização de plasma, a ablação a laser, a deposição de laser pulsado, a pulverização catódica e o simples revestimento por imersão são tipicamente praticados com HA como material de revestimento na superfície do implante, uma boa substância de revestimento, tendo-se observado que também melhora a osteointegração [Cho11, Mob09]. Todos estes métodos de tratamento da superfície tendem a produzir uma estrutura de superfície promotora de biocampabilidade no material do implante, com uma química e topografia de superfície controladas que ajudam à fixação das camadas celulares [Cho11, Lum01]. Os estudos mais recentes sobre os implantes orais clínicos centraram-se mais nas alterações topográficas da superfície do que nas propriedades químicas da superfície do implante, devido ao mecanismo de interação mecânica entre o tecido e o material do implante [Sul03]. A homogeneidade da estrutura da superfície também influencia a interação do tecido com a superfície do implante. As estruturas isotrópicas criam uma resposta mais aleatória das células à superfície do material do implante. Por outro lado, estão também disponíveis tratamentos de superfície a laser introduzidos para uma rugosidade de superfície anisotrópica que podem simplesmente orientar o crescimento celular numa direção específica [Kur05, Mir07, Ken13, Obe13]. Além disso, o fator-chave da reação do tecido vivo depende das irregularidades da superfície à escala nanométrica e micrométrica. A literatura tem demonstrado que a resposta das células osteoblásticas é mais promovida pela rugosidade à microescala. No entanto, as células de fibroblastos de tecidos moles são mais compatíveis com a rugosidade à escala nanométrica da superfície [Var08, Ken13, Obe13].

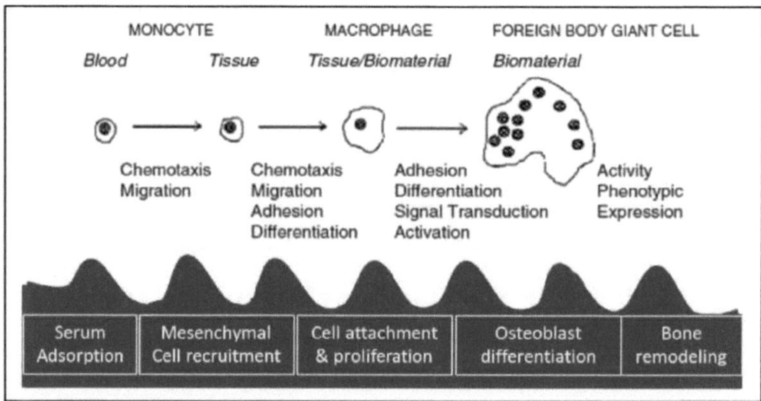

Figura 1.2 Processos iniciais na interface entre um biomaterial e um biofluido imediatamente após a implantação [Bud04].

Por conseguinte, o grau de rugosidade da superfície, desde o nível nano até ao nível micro, é fundamental para o controlo da resposta dos tecidos através da promoção ou despromoção selectiva do processo de fixação das células, como se mostra na Figura 1.2. Embora a formação óssea completa possa demorar até 3 semanas, a integração preliminar que tem lugar na primeira semana de implantação é crítica e deve promover a fixação das células, ao mesmo tempo que reduz a fixação de bactérias e os efeitos secundários citotóxicos.

No presente trabalho, o processo de polimento químico-mecânico (CMP) é introduzido como uma técnica alternativa para alterar a natureza da superfície dos implantes biomédicos [Bas14]. O processo CMP foi inicialmente introduzido para o polimento de vidro e, mais tarde, implementado na planarização de conectores metálicos e dieléctricos entre camadas no fabrico de microeletrónica [Bas11]. No processo CMP, a camada superior da superfície do material é exposta aos químicos da pasta de polimento, que inclui partículas de tamanho nanométrico e químicos. A interação entre os produtos químicos da pasta e o metal forma uma película superior quimicamente alterada que é removida pela abrasão mecânica das nanopartículas. A abrasão quimio-mecânica faz a diferença em comparação com as técnicas de polimento mecânico puro que são utilizadas para o acabamento da superfície do implante [Sit99]. A camada superior quimicamente modificada tem de ser um óxido protetor, ou seja, uma camada de óxido contínua e sem poros para permitir a planarização, impedindo a corrosão química nas superfícies metálicas rebaixadas enquanto as estruturas elevadas são polidas [Kau91]. Anteriormente, a CMP de titânio foi utilizada para planarizar camadas de Ti/TiN usadas como barreiras à difusão de interligações de alumínio nas camadas dieléctricas em aplicações microelectrónicas [Cha03]. Além disso, a aplicação da CMP na superfície de Ti também foi demonstrada por um estudo anterior em que a camada superficial foi criada como uma película de óxido de titânio que também pode ajudar a promover a biocompatibilidade, para além de ajudar a remover as camadas superficiais reagidas e contaminadas por abrasão mecânica [Oka09, Tan07].

Application of the CMP process on titanium based bio-implants brings out a synergistic effect which includes (i) cleaning the surface of the material which is potentially contaminated during processing by mechanically removing a nano-scale top layer during the process, (ii) creating a continuous, contínua, sem poros e à escala nanométrica na superfície do material, a fim de limitar qualquer contaminação adicional e, por conseguinte, diminuir o risco de infeção e inibir a corrosão e (iii) induzir uma suavidade/rugosidade controlada da superfície através da conceção das variáveis do processo de CMP, tais como a dimensão das partículas da pasta, a carga de sólidos, bem como o tipo e a concentração do oxidante e de outros produtos químicos da pasta.

Neste livro, após a introdução no Capítulo 1, o Capítulo 2 apresenta um breve resumo sobre as propriedades do titânio como material de implante e cobre a literatura sobre o tema dos métodos gerais de estruturação da superfície para o tratamento da superfície do implante. O principal objetivo da modificação da superfície é manter as propriedades gerais do material, alterando simultaneamente a superfície da camada superior para promover a biocompatibilidade. Os métodos de modificação geral podem alterar os átomos, os compostos ou as camadas da superfície existente, utilizando diferentes materiais de revestimento. Estes métodos podem ser classificados em diferentes categorias de acordo com as suas etapas de processamento. Podem ser classificados em três tópicos principais, conforme ilustrado na Figura 1.1, que são: (i) tratamentos mecânicos, (ii) tratamentos químicos e (iii) revestimentos. A literatura apresenta mais de dez processos diferentes de texturização de superfícies, que podem ser considerados como subcategorias, e todos eles têm algumas vantagens e desvantagens. No entanto, até à data, ainda não foi estabelecido o método ideal de texturização de superfícies. Neste contexto, o processo CMP é sugerido como um método alternativo para induzir uma suavidade ou rugosidade controlada nas superfícies dos materiais dos implantes.

No capítulo 3, a aplicação do processo CMP na superfície do material de implante de titânio é examinada no que respeita ao papel das partículas de lama e dos materiais de almofada. O seu impacto na qualidade e modificação da superfície é quantificado em termos da resposta da taxa de remoção de material, da rugosidade da superfície e do desempenho da molhabilidade. As avaliações foram efectuadas inicialmente nas placas de titânio, para além dos implantes dentários 3D feitos de titânio.

O Capítulo 4 centra-se na formação e caraterização da película de óxido de superfície após o tratamento CMP dos materiais de implante. As condições necessárias para satisfazer a formação de uma película de óxido protetora foram avaliadas através de diferentes concentrações de oxidante e a natureza protetora das películas de óxido foi avaliada através da caraterização da superfície.

O Capítulo 5 apresenta em pormenor as avaliações biológicas in vitro das superfícies de titânio tratadas. Este estudo tem como objetivo obter uma melhor biocompatibilidade após o tratamento CMP através da viabilidade celular e da citotoxicidade como passos iniciais para examinar as amostras alteradas. Para além disso, o comportamento de fixação das células à superfície foi avaliado em períodos de curto e longo prazo em condições in vitro. A viabilidade celular, incluindo o tempo de vida in vitro, foi quantificada em relação às características da superfície dos implantes. As análises foram utilizadas para prever as tendências in-vivo com base nos fundamentos da promoção da atividade biológica.

Finalmente, no capítulo 6, resumem-se as conclusões deste estudo e apresentam-se sugestões para o trabalho futuro, de modo a tornar a CMP numa aplicação comercial na indústria de implantes.

CAPÍTULO II

MÉTODOS DE ESTRUTURAÇÃO DE SUPERFÍCIES PARA MATERIAIS DE IMPLANTE À BASE DE TITÂNIO

Neste capítulo, é apresentada uma breve descrição dos processos convencionais de texturização de superfícies, começando por explicar as razões para a utilização do titânio como o principal material de bioimplante para a substituição de tecidos duros. As propriedades baseadas no material são discutidas com base na biocompatibilidade, estabilidade e durabilidade mecânica ao longo da vida útil dos materiais de implante. Por fim, os potenciais métodos de tratamento de superfície são avaliados em função dos seus procedimentos de aplicação e das propriedades de superfície resultantes no implante. Além disso, as vantagens e deficiências de cada método são também comparadas em termos de desempenho dos materiais. São também discutidas as necessidades de desenvolvimento de metodologias mais precisas para a estruturação da superfície de materiais de implantes à base de titânio. Mais importante ainda, o processo CMP é introduzido como um processo alternativo para a estruturação controlada da superfície dos implantes de titânio, com destaque para as adaptações necessárias ao processo.

2.1 Materiais de implantes médicos convencionais

Os implantes e dispositivos biomédicos têm sido introduzidos há muito tempo em aplicações médicas. Embora os compósitos e os polímeros também sejam utilizados como implantes, os materiais metálicos são principalmente empregues no fabrico de implantes biomédicos para substituição de tecidos duros [Her11]. A seleção dos materiais mais competitivos para aplicações in vivo, no corpo, depende das funções principais do implante. Para a substituição do tecido ósseo, os principais objectivos são otimizar as propriedades mecânicas para assegurar uma boa durabilidade contra cargas elevadas, bem como proporcionar uma rigidez mecânica representativa do tecido ósseo natural [Lam09].

Os metais e as ligas metálicas têm sido vulgarmente utilizados como implantes de substituição óssea em várias partes do corpo, como se pode ver na Tabela 2.1, há mais de um século [Lan95]. A resistência à corrosão é um dos principais pré-requisitos dos implantes metálicos para evitar a degradação [Lam09]. Estão a ser utilizados muitos tipos diferentes de materiais metálicos e ligas com diferentes composições químicas e microestruturas, que podem ser classificados em três grupos principais, como se indica a seguir;

- aço inoxidável [Rec01, Kur14, Dad07],

- ligas à base de cobalto-crómio (Co-Cr) [Caw03, Esp10, Kum05],

- titânio e ligas à base de titânio [Gee09, Ma12, Mis13, Bha03].

Existem muitos tipos de aços inoxidáveis disponíveis com diferentes valores de resistência à corrosão e propriedades mecânicas. O AISI 316L é o aço mais favorável para as aplicações de implantes biomédicos [Rat04, Dav03], que contém 17-19% de Cr e 12-14% de Ni, tornando-o mais forte do que o aço normal. 2-3% de Mo aumenta a resistência à corrosão em ambientes agressivos. No entanto, o valor do módulo de elasticidade do aço inoxidável é de cerca de 200 GPa, que é muito superior ao de um osso cortical e que deve ser tido em conta para os implantes de suporte de carga. Ao longo dos anos, as ligas de Co-Cr também foram introduzidas na engenharia de implantes biomédicos em vez do aço inoxidável devido à sua excelente resistência ao desgaste. A resistência à corrosão dos biomateriais metálicos em ambientes agressivos (os iões cloreto estão presentes nos meios fisiológicos) depende da sua capacidade de passivação, que está relacionada com a formação de uma fina camada protetora de óxido na superfície, como no caso do Cr_2O_3 e do TiO_2 [Pan96, Arc01, Mat11, Yan06]. Embora a liga de aços inoxidáveis seja uma prática comum, observou-se que a utilização de elementos como o Ni, o Cr e o Co liberta iões no ambiente corporal e que os iões metálicos dissolvidos criam efeitos tóxicos, causando reacções adversas nos tecidos a nível local [Yan14].

Tabela 2.1 Os três principais metais biocompatíveis e as suas aplicações biomédicas [Man17].

Ligas/ Materiais	Aplicações	Implantes
Aço inoxidável	Ortopedia dentária Cardiovascular	• Próteses femorais, implantes ortopédicos, aplicações de taças acetabulares, implantação de iões de metais nobres, cirurgia reconstrutiva, implantes rovasculares (clips de aneurisma), hastes de anca monobloco. • Implantes dentários, fios ortodônticos • Stents cardiovasculares, peças de válvulas cardíacas, stents coronários.
Ligas de cobalto-crómio	Ortopedia Dentária Cardiovascular	• Artroplastia total da anca, teste de pino recíproco sobre disco, estrutura de crescimento ósseo, implantes ortopédicos, implante total da anca, células endoteliais, células musculares lisas vasculares, osteoblastos (células formadoras de osso), cirurgia reconstrutiva, implantes rovasculares (aneurismas), articulação de substituição total do joelho, implantes médicos, hastes femorais, aplicações de implantes ósseos, implantes de suporte de carga, implante de superfície de apoio, • Implantes dentários, próteses parciais amovíveis, fios ortodônticos. • Stents vasculares, peças de válvulas cardíacas.
Titânio e suas ligas	Ortopedia Dentária Cardiovascular	• Ensaio de pino sobre disco recíproco, articulações, hastes da anca, próteses ortopédicas, implante total da anca, células endoteliais, células do músculo liso vascular, osteoblastos (células formadoras de osso), taça acetabular. Reconstrução de defeitos craniofaciais, implantes de canal, substitutos de tecidos duros, implantes de substituição óssea, cirurgia reconstrutiva, implantes rovasculares (clips de aneurisma), células estaminais mesenquimais humanas (hMSC), monocamadas automontadas (SAM), próteses esqueléticas, implantes de suporte de carga. • Implantes dentários, fios ortodônticos. • Stents vasculares cardiovasculares, peças de válvulas cardíacas.

Apesar do problema de libertação dos iões Mo e W in vivo, estas ligas melhoram as propriedades mecânicas e a resistência à abrasão dos metais [Wil81]. As ligas forjadas de Co-Ni-Cr-Mo apresentam propriedades mecânicas melhoradas e são utilizadas para fabricar implantes de articulações com cargas pesadas, como as próteses do tornozelo. O processo de fabrico dos implantes à base de Co-Cr cria a principal diferença nas propriedades mecânicas dos implantes.

O fabrico através da fundição não é um método preferido devido à formação de grandes grãos dendríticos e microporos, diminuindo a tensão de cedência e a resistência à fadiga do material ligado [Zhu89, Dob83, VSa76]. As ligas forjadas à base de Co-Cr apresentam melhores propriedades mecânicas em comparação com as ligas fundidas. Por conseguinte, são preferidas para as aplicações em que são encontradas fortes cargas tribológicas. Além disso, tanto o aço inoxidável como as ligas de Cr-Co têm valores de módulo mais elevados em comparação com o osso natural, o que provoca uma transferência insuficiente de tensão para o osso, resultando na dessorção do osso e na desintegração do implante após alguns anos de funcionamento. O módulo de elasticidade dos materiais de implantes biomédicos mais utilizados é apresentado na Figura 2.1. Como se pode ver na figura, o Ti e as suas ligas têm um módulo de elasticidade inferior ao do aço inoxidável e das ligas de Co-Cr. Adicionalmente, a Tabela 2.2 compara algumas propriedades mecânicas do aço inoxidável, da liga de Co-Cr e do Ti e suas ligas em relação ao método de processamento selecionado. O controlo do processo, a conceção e as propriedades termomecânicas do Ti fazem dele um material de implante ideal para os dispositivos protéticos ortopédicos.

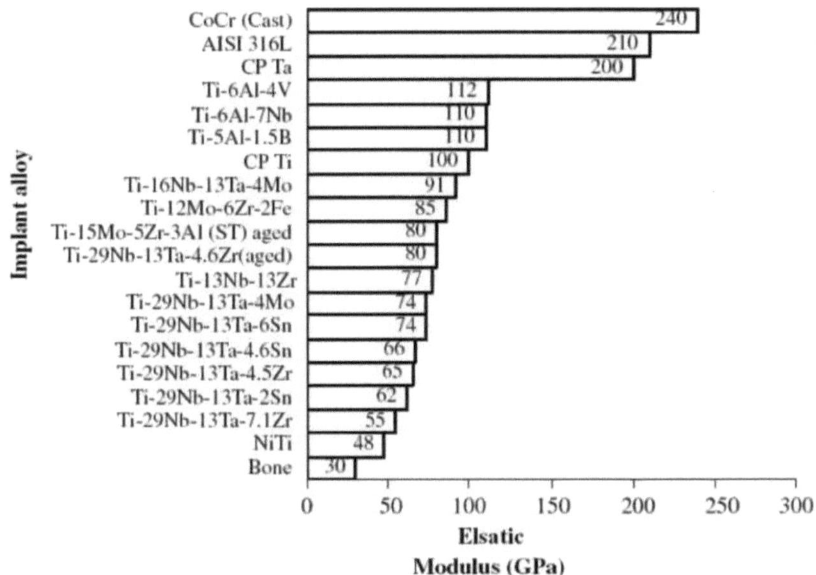

Figura 2.1 Módulo de elasticidade das ligas médicas [Gee09].

O titânio pode ser ligado com diferentes elementos para alterar as propriedades mecânicas, tais como maior rigidez e menor peso (densidade), de acordo com a aplicação pretendida. A Tabela 2.3 mostra algumas das propriedades do Ti e das ligas de Ti que podem ser utilizadas como materiais de implante.

Tabela 2.2 Propriedades mecânicas típicas dos materiais de implantes [Rat04].

Material	Designação ASTM	Estado	Módulo de Young (GPa)	Resistência ao escoamento (MPa)	Resistência à tração (MPa)	Limite de resistência à fadiga (a IO^7 ciclos, $R = -1^c$) (MPa)
Aço inoxidável	F745	Recozido	190	221	483	221-280
	F55, F56, F138, F139	Recozido	190	331	586	241-276
		30% Trabalhado a frio	190	792	930	310-448
		Forjado a frio	190	1213	1351	820
Ligas de Co-Cr	F75	As-CastZannealed	210	448-517	655-889	207-310
		PZM HIP[i]	253	841	1277	725-950
	F799	Forjado a quente	210	896-1200	1399-1586	600-896
	F90	Recozido	210	448-648	951-1220	Não disponível
		44% Trabalho a frio	210	1606	1896	586
	F562	Forjado a quente	232	965-1000	1206	500
		Trabalhado a frio, envelhecido	232	1500	1795	689-793 (tensão axial $R = 0,05,30$ Hz)
Ligas de Ti	F67	30% trabalhado a frio Grau 4	HO	485	760	300
	F136	Forjado e recozido	116	896	965	620
		Forjado, tratado termicamente	116	1034	1103	620-689

Tabela 2.3 Propriedades mecânicas do titânio biomédico e das suas ligas [Gee09].

Material	Padrão	Módulo (GPa)	Resistência à tração (MPa)	Tipo de liga
cp Ti (grau 1-4)	ASTM* 1341	100	240-550	α
Ti-6A1-4V ELI	ASTM F1472	112	895-930	u+β
Ti-6Al-7Nb	ASTM F1295	HO	900-1050	a+β
Tι-5Al-2,5Fe	-	110	1020	a+β
Ti-13Nb-13Zr	ASTM Fl713	79-84	973-1037	Metastabe β
Ti-12Mo-6Zr-2Fe	ASTMF1813	74-85	1060-1100	β
Ti-35Nb-7Zr-5Ta		55	596	β
Ti-29Nb-13Ta-4.6Zr	-	65	911	β

Ti-35Nb-5Ta-7Zr-0,4O		66	1010	β
Ti-15Mo-5Zr-3Al		82		β
Ti-Mo	ASTM F2066			

2.1.1 Implantes médicos à base de titânio

O titânio foi introduzido na produção de implantes na década de 1930, uma vez que o seu peso leve e as suas características quimio-mecânicas superiores excediam as propriedades do aço inoxidável e das ligas de cobalto, apresentando-o como um material conveniente para as aplicações de implantes. A primeira utilização de titânio em implantes dentários começou com o projeto de prótese de Branemark na década de 1960. Simultaneamente, foram desenvolvidos dispositivos ortopédicos para a substituição da articulação da anca, utilizando materiais à base de titânio. A Figura 2.2 apresenta exemplos de implantes de titânio utilizados comercialmente [Bra69, Ade81]. Para além das propriedades mecânicas desejáveis, o Ti e as suas ligas têm propriedades superiores de resistência à corrosão e de biocompatibilidade, características que lhes permitem ser utilizados como materiais de implante adequados ao ambiente corporal [Sch03, Pan96, Lon98]. Até à data, o Ti comercialmente puro e o Ti6Al4V são os materiais à base de titânio mais utilizados como substitutos de tecidos duros em ossos artificiais, articulações e implantes dentários [Rat04]. Por outro lado, estudos de investigação recentes demonstraram que as ligas de titânio podem libertar iões de alumínio e vanádio no tecido hospedeiro, criando efeitos tóxicos e inflamação das partes do corpo circundantes [Hoe94, Ger05]. Consequentemente, o titânio comercialmente puro é o material mais preferido devido às suas excelentes propriedades de resistência à corrosão, em que a inércia é mais importante do que o desempenho mecânico, como nas aplicações dentárias. Embora a bio-inércia do titânio possa causar um longo período de osseointegração, o titânio continua a ser o único material metálico com capacidade de osseointegração [Noo87, Hoe94, Vas11].

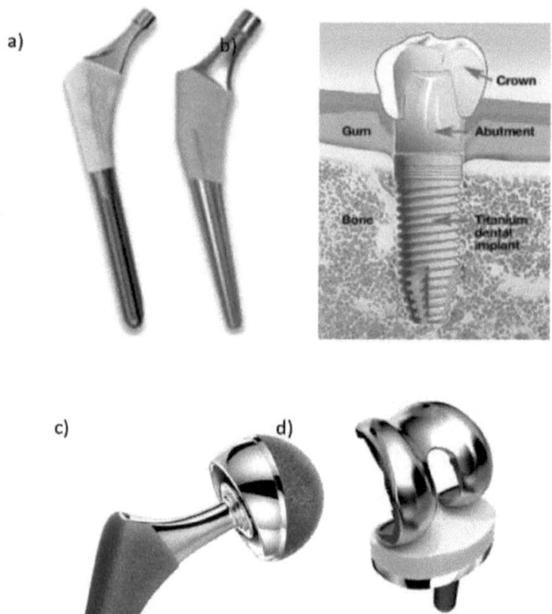

Figura 2.2 Implantes médicos à base de titânio comummente utilizados como a) articulação artificial b) implante dentário c) articulação da anca e d) articulação do joelho [Bra69, Ade81].

Para além das propriedades mecânicas, o titânio e as suas ligas tendem a formar espontaneamente uma película de óxido aderente e protetora durante a reação de passivação/re-passivação. A formação desta película de óxido de titânio na superfície contribui para a bioatividade, que leva à formação de ligações interfaciais entre o material do implante e os tecidos circundantes [Li94]. Para além das vantagens enumeradas do titânio, tais como as vantagens mecânicas, a bioadaptabilidade pode ainda limitar a utilização do titânio e das suas ligas como materiais de implantes biomédicos. Por conseguinte, para melhorar a osseointegração, a bioinerteza e a resistência ao desgaste dos implantes à base de titânio, são geralmente aplicados métodos de tratamento adicionais aos materiais de implante à base de titânio.

2.1.1.1 Implantes dentários à base de titânio

Muitas doenças e traumatismos podem levar à perda de dentes. Por conseguinte, a utilização de substitutos dentários é necessária para garantir um suporte no lugar dos dentes em falta. O implante dentário é inserido no osso do maxilar e emerge com o osso, o que se designa por osseointegração. Nos últimos anos, existe uma preocupação crescente no sector dentário devido ao aumento da esperança de vida do público em geral, que conduz a um aumento da população idosa [Gbi13]. As estatísticas da Associação Americana de Cirurgiões Orais e Maxilofaciais mostraram que 69% dos adultos (idades entre 35-44) perderam pelo menos um dente e 26% dos idosos perderam todos os seus dentes permanentes [Gav14]. Os números estatísticos também revelaram que são colocados aproximadamente 100 000-450 000 implantes dentários todos os anos e que os implantes à base de titânio têm a maioria, como se pode ver na Figura 2.3 [Gup10]. Normalmente, os implantes dentários são fabricados com Ti comercialmente puro de grau IV devido à sua excelente biocompatibilidade e elevada resistência à corrosão em meios agressivos.

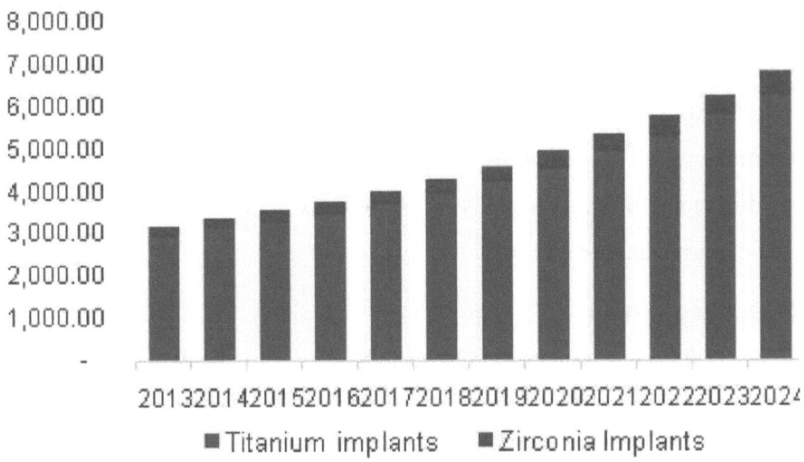

Figura 2.3 Mercado global de implantes dentários de titânio.

Atualmente, a taxa de sucesso esperada do processo de implantação é de cerca de 95% nos casos de substituição de um único dente. No entanto, numa pessoa saudável, a taxa de sucesso varia entre 90-95%, embora este rácio dependa principalmente das condições de saúde pessoais (como a qualidade do osso e a idade) para além dos factores de conceção [Paq06]. Atualmente, existem mais de 40 fabricantes no mercado de implantes dentários com o objetivo de melhorar a taxa de sucesso através de novas técnicas desenvolvidas [Dud12]. No entanto, ainda é necessário fazer avançar mais estas técnicas e efetuar mais avaliações para poder melhorar o sucesso a longo prazo dos implantes dentários.

2.2 Panorâmica dos processos químicos, mecânicos e físicos convencionais para a modificação da superfície de biomateriais

A capacidade dos implantes depende das características químicas, mecânicas e topográficas dos materiais, que influenciam diretamente o processo de cicatrização dos tecidos e a integração do implante no tecido ósseo. Como já foi referido, o titânio e as ligas de Ti são preferidos como implantes devido às suas excelentes propriedades, como a elevada resistência, a baixa densidade, a boa resistência à corrosão e a inércia no ambiente corporal. No entanto, o módulo de elasticidade relativamente baixo e a fraca resistência ao desgaste do titânio podem ser a principal razão para o afrouxamento dos implantes a longo prazo. Os cientistas e engenheiros ainda estão a trabalhar na modificação dos materiais dos implantes para promover estas propriedades fracas. Nesta secção, resumem-se vários métodos básicos que são utilizados para melhorar as propriedades da superfície do material do implante. Estes métodos sugeridos incluem técnicas aditivas e subtractivas para criar superfícies de implantes física e quimicamente alteradas.

2.2.1 Superfície maquinada

A maquinação é um dos principais métodos para alterar a superfície do implante, de modo a melhorar a resposta do tecido ao implante. O processo de maquinagem envolve simplesmente a produção de material através da utilização de uma ferramenta de corte para remover partes indesejadas da amostra e produzir a forma pretendida. Este processo permite obter superfícies relativamente lisas e é também designado por processo de torneamento ou fresagem. Após a maquinação, os implantes fabricados são submetidos a procedimentos de limpeza para descontaminação. Estas técnicas produzem geralmente uma superfície com defeitos, como se pode ver na Figura 2.3, contendo sulcos, cristas e vestígios da ferramenta utilizada no fabrico. A presença de defeitos pode causar uma rugosidade superficial elevada que cria resistência mecânica através do encravamento dos ossos. Para além disso, estas ranhuras podem diminuir o crescimento celular e podem resultar em tempos de cicatrização mais longos após o processo de implantação [Ani11].

O acabamento da superfície do material do implante é qualificado através do valor da rugosidade da superfície como um fator que afecta a taxa de osseointegração. Foram publicadas várias escalas de rugosidade com diferentes procedimentos de medição para superfícies maquinadas e propõe-se que a rugosidade ideal para implantes de tecidos duros se situe no intervalo de 1-10 µm [Bau13]. A literatura demonstrou que a rugosidade de uma superfície torneada é de cerca de 0,96 µm com um espaçamento médio entre picos de 8,6 µm [Gar12]. Para além destas investigações, os resultados experimentais demonstraram que, para uma melhor fixação óssea dos implantes, uma rugosidade média da superfície (Ra) de cerca de 1,5 µm pode ser identificada como uma superfície rugosa, de acordo com Wennerberg e colaboradores. Os implantes de titânio maquinados têm sido amplamente utilizados há muito tempo e têm um desempenho bem sucedido em aplicações clínicas a longo prazo. No entanto, este método de acabamento da superfície não resultou numa boa osteointegração para todas as amostras. Devido à sua menor resistência ao torque de remoção, os implantes dentários maquinados estão a tornar-se menos preferíveis e indisponíveis [Ani11]. Estes resultados forneceram orientações para novos métodos de desenvolvimento de superfícies, em que se tentam efetuar alterações de base topográfica para assegurar com maior sucesso o contacto mecânico entre o tecido e a superfície do implante [Sul03].

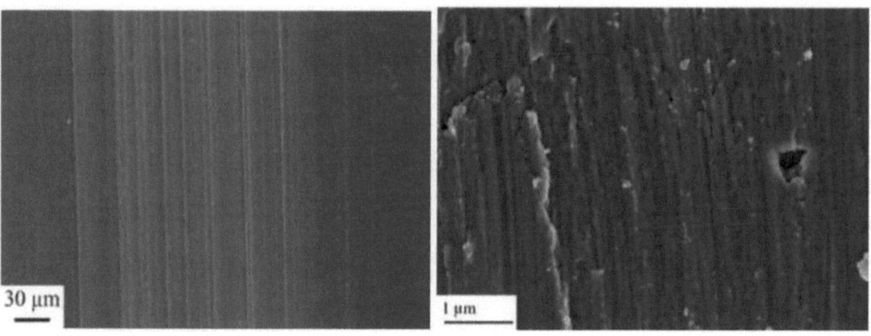

Figura 2.4 Imagens de microscopia eletrónica de varrimento da superfície maquinada [Bal11].

2.2.2 Decapagem

O jato de areia é um dos métodos frequentemente utilizados para alterar a superfície do implante através da utilização de partículas de cerâmica dura de diferentes tamanhos. É geralmente designada por jato de areia ou jato de gesso. O processo consiste em expor as partículas através de um bocal com ar comprimido em direção à superfície do material do implante. As partículas que atingem a superfície formam uma textura de cratera. A morfologia da superfície resultante depende das propriedades das partículas utilizadas, como a forma, a dureza e o tamanho, para além da duração do processo, da velocidade das partículas e da distância entre a origem das partículas e o implante. São utilizadas, principalmente, partículas de sílica (SiO_2), corindo/alumina (Al_2O_3), titânia (TiO_2) e fosfato de cálcio ($CaPO_3$), com tamanhos que variam da nano à microescala. O diâmetro das partículas afecta diretamente a isotropia da superfície. Estudos anteriores demonstraram que a decapagem com partículas de alumina com um tamanho entre 25-75 µm resultou numa superfície isotrópica, com um valor de rugosidade entre 1,1-1,5 µm.

Figura 2.5 Imagens de microscopia eletrónica de varrimento (SEM) da superfície jacteada com areia [Bal11].

No entanto, o aumento do tamanho das partículas formou uma superfície relativamente anisotrópica com uma rugosidade média de cerca de 2,0 μm [Gar 12]. Por outro lado, a utilização de partículas de dióxido de titânio com um tamanho de partícula de cerca de 25 μm gerou superfícies bastante mais rugosas no intervalo de 1-2 μm [Gar 12]. Estudos in vivo destas amostras jateadas mostraram que a rugosidade da superfície em torno de 1,5 μm tem uma melhor resposta óssea em períodos de curto e longo prazo num osso de coelho. [Gar12, Wen95, Wen97]. No entanto, a investigação pós-jateamento mostrou que as partículas podem permanecer na superfície do material do implante, mesmo após as etapas de limpeza e esterilização. Foi demonstrado que, quando o material do implante é inserido no ambiente corporal, estas partículas incorporadas podem ser libertadas no tecido circundante e perturbar a formação óssea através de uma atividade iónica competitiva com os iões de cálcio [Syk04, Bla92, Par12, Man10].

2.2.3 Gravura ácida

Outra alternativa aos métodos de tratamento de superfície é o processo de condicionamento químico que implica a imersão do implante metálico numa solução ácida.

A solução química corrói a superfície do material e forma micropoços e crateras com uma forma específica e diâmetros que variam entre 0,5 e 2 μm [Gup08, Ors00, Mas02]. O ataque ácido pode ser efectuado utilizando vários produtos químicos ácidos fortes, como HCl, HF, HNO3 e H2SO4 e combinações dos mesmos [Mdo04]. A estrutura da superfície criada depende da concentração da solução ácida, do tempo de exposição e da temperatura. O processo de corrosão permite a remoção selectiva das camadas de óxido e de partes do material de base, dependendo da cinética de resolução da película de óxido. Além disso, a taxa de remoção é também afetada pela natureza da cristalografia e do tamanho do grão dos materiais. A dissolução química não causa tensões mecânicas no material, o que é uma vantagem em comparação com outros métodos de desbaste de superfícies [Has04, Poh02].

A técnica de condicionamento ácido duplo foi recomendada para produzir uma microtextura através da utilização de químicos ácidos numa sequência [Ans00, Van04, San05, Tak03]. A vantagem deste método é que pode assegurar uma maior adesão de fibrina e células osteogénicas no material do implante [Ori00]. Foi demonstrado que as superfícies de titânio induzidas por micro-rugosidades melhoram a rápida osseointegração a longo prazo [Won95, Cho03, Bra09]. Para além de criar uma rugosidade homogénea, o condicionamento ácido aumenta a atividade da superfície e as propriedades de bio-adesão dos implantes metálicos [Ors00, Bra09]. Por outro lado, o condicionamento alcalino também pode ser efectuado utilizando produtos químicos de base forte, à semelhança do condicionamento ácido [Poh02]. Apesar destas melhorias, o condicionamento ácido pode causar a fragilização por hidrogénio do titânio e diminuir a resistência à fadiga através da formação de microfissuras na superfície do material.

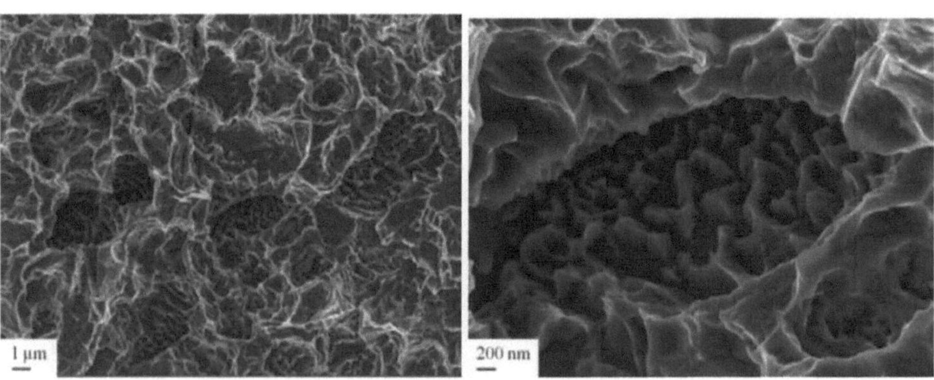

Figura 2.6 Imagens de microscopia eletrónica de varrimento (SEM) da superfície de Ti gravada com ácido [Bal11].

2.2.4 Jato de areia e gravação a ácido

Os implantes dentários disponíveis no mercado são normalmente produzidos por jato de areia e ataque ácido (SLA). Nesta técnica, a superfície é produzida através de um processo de jato de areia de grão grosso (250-500 µm) seguido de um ataque ácido para obter simultaneamente macro-rugosidade e micropoços [Kim08]. Quando comparado com os processos regulares de jato de areia, o ataque ácido assegura a limpeza das partículas residuais e induz micro texturas, aumentando assim a área total da superfície do material do implante [Gal05, Bus98, Coc98].

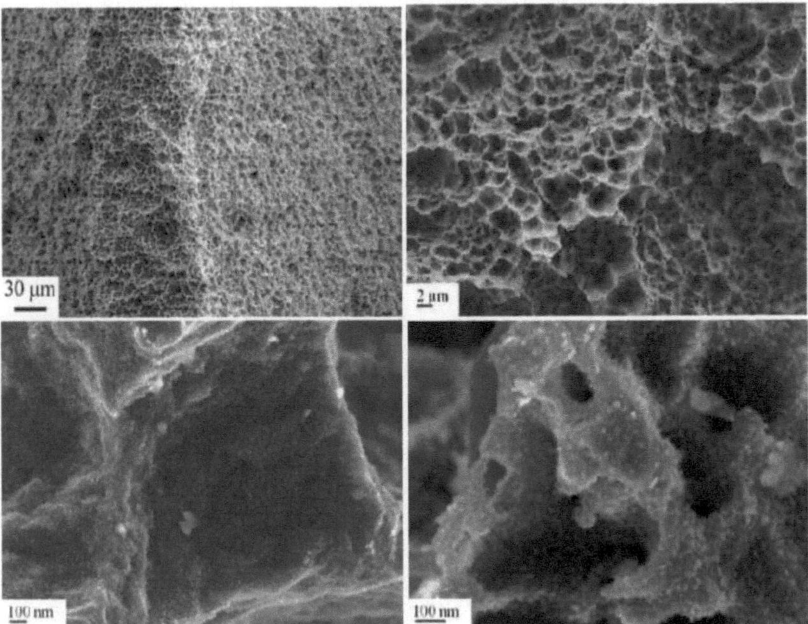

Figura 2.7 Imagens de microscopia eletrónica de varrimento (SEM) da superfície de Ti decapada com jato de areia e gravada com ácido [Bal11].

Consequentemente, verificou-se que estas superfícies de SLA apresentam uma melhor integração celular e óssea em comparação com os outros métodos convencionais [Bor08, Kim08, Hal03, He09]. As superfícies normais jateadas e gravadas apresentam uma natureza de superfície hidrofóbica, no entanto, as superfícies tratadas através do processo de SLA têm uma superfície hidrofílica que resulta numa maior interação do osso com o material do implante [Gup08, Bal11].

2.2.5 Superfícies de implantes oxidadas/anodizadas

O processo de formação de óxido anódico pode ser utilizado para alterar as propriedades da camada de óxido da superfície do implante para o tornar mais biocompatível através da anodização [Gup10]. Este método é um processo eletroquímico e é realizado através da aplicação de uma tensão no material do implante, que é imerso num eletrólito suave para ser passivado. Estes electrólitos são principalmente soluções ácidas diluídas ou soluções tamponadas. Quando o potencial é aplicado ao material, ocorre uma reação electrolítica no ânodo, resultando no crescimento de uma película de óxido na superfície do implante. O substrato a ser anodizado é normalmente coberto por uma fina película de óxido nativo (que é geralmente porosa) na gama de nano a microescala devido à interação com o ar ou o eletrólito [Sch03]. Quando são utilizados ácidos fortes, a película de óxido é removida ao longo das linhas de corrente e engrossada nas outras zonas [Sul05]. Esta técnica resulta num aumento da espessura e numa alteração da estrutura cristalina da película de óxido superficial. A eficácia do processo depende do potencial anódico, da densidade de corrente, da temperatura, da concentração do eletrólito e da combinação de materiais selecionada. Foi documentado que este processo resultou em microporos e melhorou o desempenho de fixação e proliferação de células, bem como melhorou os valores de binário de remoção biomecânica [Zhu04, Gup10, Gur08, Alb81, Her08, Eli10].

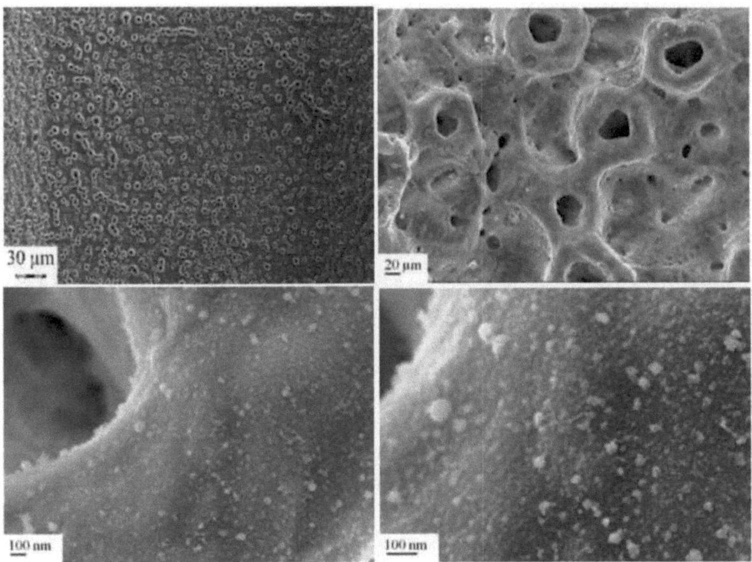

Figura 2.8 Imagens de microscopia eletrónica de varrimento (SEM) da superfície oxidada de Ti [Bal11].

2.2.6 Processamento a laser

O método de modelação por laser é um processo de microusinagem que pode estruturar uma superfície de implante 3D a níveis micro e nanométricos. Esta técnica pode produzir morfologias de superfície complexas com a rugosidade desejada para uma melhor osseointegração. O processamento a laser envolve a geração de impulsos curtos de luz de comprimento de onda único e o fornecimento desta energia concentrada num ponto. O aumento da energia resulta num aumento da rugosidade, do tamanho dos poros e da formação de uma película de óxido mais espessa [Sul02]. Os materiais de implante de Ti tratados com laser apresentaram uma contaminação superficial relativamente reduzida com elementos de carbono e oxigénio e um maior binário de remoção quando colocados no osso da tíbia de coelho [Li04, Gag00, Dep05]. Além disso, este método assegura a formação de uma estrutura de poros controlável com profundidade, diâmetro e espaçamento específicos sem a utilização de produtos químicos adicionais [Hem12].

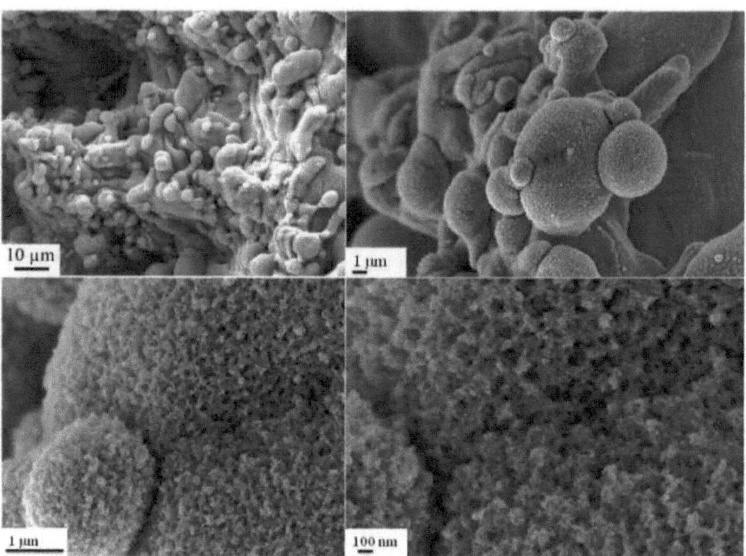

Figura 2.9 Imagens de microscopia eletrónica de varrimento (SEM) da superfície de Ti tratada com laser [Bal11].

2.2.7 Revestimentos

Para além dos métodos químicos e físicos, o revestimento é uma técnica alternativa implementada nas superfícies dos implantes para aumentar a biocompatibilidade do material. Alguns materiais reactivos têm a capacidade de formar uma ligação química interfacial com as células dos tecidos circundantes e proporcionar uma melhor fixação do material do implante no ambiente corporal. Por este motivo, os produtos químicos reactivos de superfície são normalmente aplicados aos implantes metálicos como materiais de revestimento. Os elementos de revestimento devem ter uma adesão suficiente à superfície do material de implante e devem ser mecanicamente estáveis. Foram introduzidos na literatura diferentes tipos de métodos de revestimento, tais como a pulverização por plasma, a deposição física de vapor, a deposição por pulverização catódica magnetrónica, a deposição assistida por feixe de iões, a deposição por laser pulsado, o método sol-gel, a deposição eletroquímica e a oxidação por micro-arco.

2.2.7.1 Pulverização por plasma

A pulverização por plasma envolve o aquecimento das partículas de hidroxiapatite, fosfato de cálcio ou titânio por uma tocha de plasma a altas temperaturas (15000-20000K) e a sua pulverização sobre o material subtraído num meio inerte [Hah70, Got97]. Este método aumenta a área de superfície do material até quase seis vezes mais do que a superfície inicial e forma uma película de 100 a 300µm de espessura [Wil97, Ani11]. Este aumento de espessura depende da geometria do implante, do tamanho das partículas, da temperatura e da distância entre o bocal e o material do implante [Lac98, Ros91, Ver93]. No entanto, embora esta área de superfície aumentada assegure uma melhor interação com o tecido ósseo, também pode tornar-se um risco para a infeção microbiana oral [Mom12].

Por outro lado, os revestimentos aplicados por pulverização de plasma podem eventualmente sofrer delaminação e separar-se da superfície devido à fraca aderência a longo prazo. Este facto pode resultar em falhas na interface do implante e do revestimento durante a inserção do implante ou após a osteointegração [Coe09].

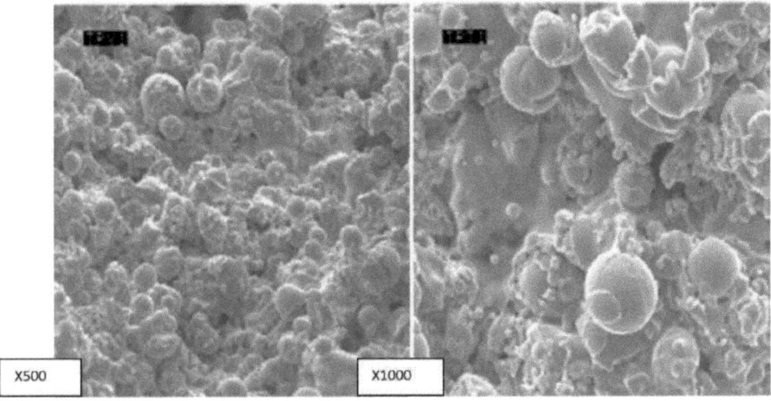

Figura 2.10 Imagens de microscopia eletrónica de varrimento (SEM) da superfície de Ti tratado com plasma, com ampliações de 500 e 1000X [Fio15].

2.2.7.2 Deposição por pulverização catódica

O processo de pulverização catódica foi introduzido como um método útil para a deposição de bio-cerâmicas. Tem muitas variações, como a pulverização iónica, a pulverização por magnetrão e a pulverização por radiofrequência. Basicamente, todas elas se baseiam na mesma técnica em que as moléculas ou átomos de um material são retirados de um objeto através de um bombardeamento de alta energia por iões numa câmara de vácuo. As partículas removidas são fixadas num material de substrato na câmara de vácuo.

Esta técnica tem muitas vantagens, tais como elevadas taxas de deposição e elevada pureza das películas finais, uniformidade da película, estrutura densa e é adequada para a maioria dos materiais. Contudo, a taxa de deposição é baixa e o processo em si é extremamente lento, podendo também produzir revestimentos amorfos nas superfícies dos implantes [Jas93, Por04, Yan05, Jan93].

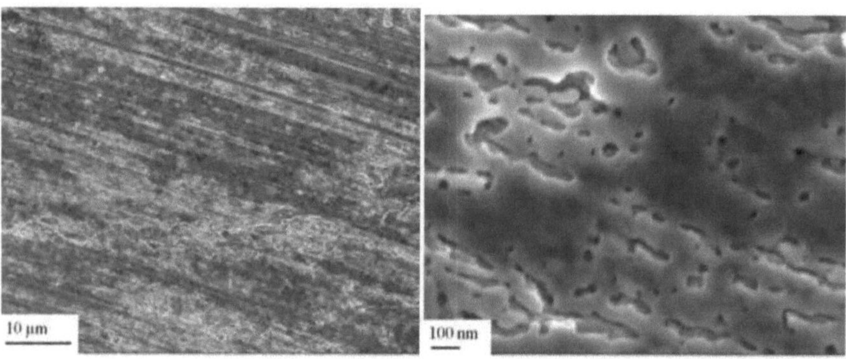

Figura 2.11 Imagens de microscopia eletrónica de varrimento (SEM) da superfície de Ti aplicada por pulverização catódica [Bal11].

2.3 Polimento químico-mecânico como método alternativo para a modificação da superfície de implantes

O processo de polimento químico-mecânico (CMP) é uma técnica complicada que inclui os efeitos da mecânica de contacto, da dinâmica de fluidos e das interacções químicas da pasta em simultâneo. O processo de CMP foi inicialmente desenvolvido para o polimento de vidro, tendo depois sido implementado no fabrico de microeletrónica na indústria de semicondutores para o polimento/planarização de camadas de óxido dielétrico de SiO2 [Att94]. A técnica CMP é um processo simples que pode fornecer planarização local e global na superfície da bolacha através de acções químicas e mecânicas, em que uma reação química promove a remoção mecânica do substrato selecionado. O esquema básico do processo CMP é apresentado na Figura 2.11, onde o material a polir é mantido contra uma almofada polimérica rotativa com uma força descendente aplicada. Simultaneamente, uma pasta de polimento flui entre o substrato e a almofada de polimento com um caudal constante. Por conseguinte, a técnica CMP tem uma dupla ação: em primeiro lugar, a planarização da camada superficial e, em segundo lugar, a remoção de material. A literatura estende-se no sentido de que o processo CMP pode ser utilizado para o polimento de vários materiais metálicos, isoladores, polissilício, materiais cerâmicos e também elementos de embalagem [Zan04]. A eficiência do processo CMP depende dos componentes do processo, nomeadamente, a superfície a ser polida, a pasta de polimento e o material da almofada de polimento.

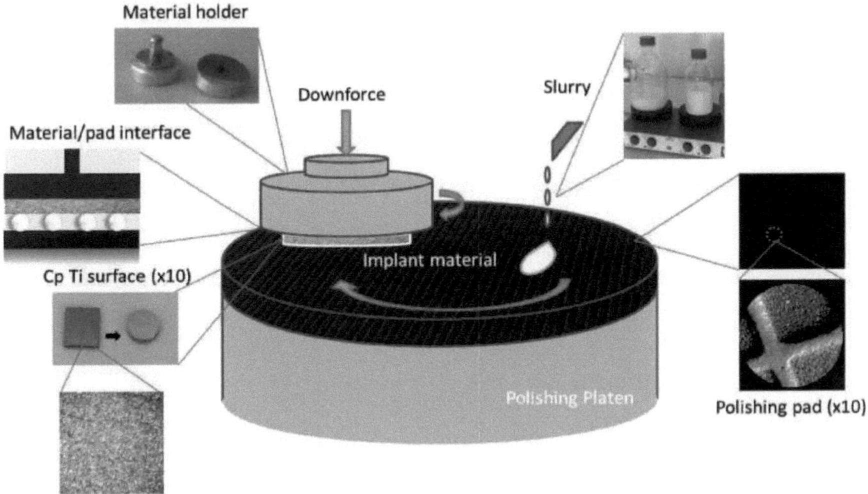

Figura 2.12 Esquema do processo geral de CMP e componentes da técnica.

2.3.1 Superfície a polir

O processo CMP foi implementado para a planarização de dióxido de silício, outros dieléctricos, metais e interligações e camadas poliméricas para garantir um acabamento superficial planarizado. A química do processo inicia uma reação reversível que leva à formação de uma película de superfície fina quimicamente modificada, que pode ser decomposta ou mecanicamente desgastada através de partículas abrasivas de escala nanométrica na pasta, para permitir a remoção de material da superfície [Ste97]. No domínio dos materiais metálicos, a CMP foi utilizada pela primeira vez em vias de tungsténio, tendo sido posteriormente alargada a diferentes materiais metálicos, incluindo Al, Cu, Ta, Ti, TiN e TaN. Além disso, dieléctricos de alto e baixo k, como vidros dopados com $SiO2$, $Si3N4$, polímeros e polissilício, também foram adoptados com integração de Cu [Utt91, Kau91]. Na tecnologia dos semicondutores, o alumínio e as suas ligas foram os metais mais utilizados devido à sua boa condutividade, mas o Cu foi substituído pela sua melhor resistência à electromigração, seguido do ouro e da prata pelas suas propriedades de baixa resistividade. Os materiais poliméricos são os candidatos adequados para ajustar as constantes dieléctricas nos circuitos [Ste97]. No entanto, os materiais poliméricos são propensos a altas temperaturas e altas tensões induzidas durante a CMP e, naturalmente, complicados de polir devido a esse facto. A tecnologia do cobre já substituiu a metalização do alumínio nos microprocessadores da nova geração, com a redução das dimensões dos transístores. Torna-se também necessário encontrar materiais de barreira alternativos a utilizar para a integração do cobre, que tenham um melhor desempenho do que a integração padrão Ta/TaN [Pan82, Koh03].

2.3.2 Almofada de polimento

Após o tipo de material a ser aplainado, o desempenho da CMP é também influenciado pela seleção dos discos de polimento e das pastas corretamente formuladas, incluindo os tipos de abrasivos e os produtos químicos compatíveis [Bou12, Ali05]. O disco de polimento é responsável por transferir a força mecânica para a superfície a polir, transportando os produtos químicos da pasta e removendo também os materiais dissolvidos da superfície polida [Kal07]. As características da superfície e o tipo de material da almofada são importantes para controlar as taxas de remoção de material e proporcionar uma planarização selectiva na superfície da bolacha.

De um modo geral, as almofadas de polimento são fabricadas em poliuretano, que possui propriedades de elevada resistência, módulo e alongamento [Hep82]. Além disso, as características de porosidade e dureza dos materiais das almofadas podem ser ajustadas para adaptar as condições específicas com base no material selecionado durante a CMP [Jai94]. Para induzir a planarização, é preferível um material de almofada robusto e durável para induzir propriedades consistentes ao longo da vida da almofada. Para além disso, os materiais das placas devem ser inertes em relação aos produtos químicos da pasta. No entanto, é necessária uma almofada relativamente flexível para evitar a possível quebra da bolacha durante o processo CMP. Estes requisitos variáveis levaram à produção de materiais de almofada avançados, como se pode ver na Figura 2.12. Uma almofada de polimento convencional é constituída por duas camadas diferentes. A almofada empilhada IC 1000/Suba IV é constituída pela fixação de uma camada IC 1000 à sub-almofada Suba IV para garantir que a almofada se adapta à forma da bolacha, enquanto a almofada superior IC-1000 é mais dura para proporcionar uma planarização global, evitando o desgaste e a erosão.

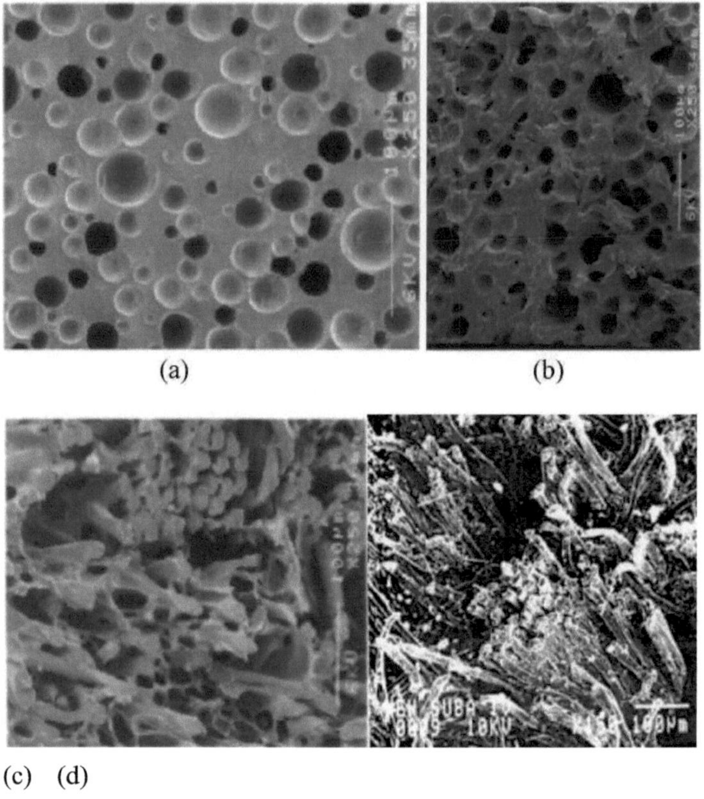

Figura 2.13 Imagens SEM da secção transversal e da superfície superior de uma almofada IC1000 (a&b) e Suba IV (c&d) [Lua02, Ste97].

A macroestrutura da superfície da almofada é importante para a distribuição homogénea dos produtos químicos da pasta na superfície da bolacha. Os poros com uma dimensão que varia entre a micro e a macroescala ajudam o transporte da pasta dentro de várias ranhuras modeladas para transferir a pasta para a interface da bolacha. Durante o processo de polimento, as propriedades da almofada podem mudar devido à deformação, o que pode reduzir as taxas de polimento e a eficiência da planarização. A deformação plástica da almofada pode induzir a formação de vidros locais que podem reduzir o desempenho da almofada. Como alternativa, foram experimentadas almofadas abrasivas fixas, que permitiram uma distribuição controlada das partículas, mas resultaram em grandes defeitos na superfície [Ngu01,

Ve100]. Por conseguinte, as almofadas poliméricas convencionais e as partículas de pasta livre continuam a ser utilizadas no processo CMP [Tri99, Bra00].

2.3.3 Pasta de polimento

A componente química do processo CMP é fornecida pelas pastas, que são altamente concebidas. O desempenho do processo CMP depende principalmente das formulações das pastas, que podem controlar a ação química através da química da formulação e a ação mecânica através das partículas abrasivas de tamanho nanométrico. As partículas abrasivas mais utilizadas são SiO_2, $Al2O3$ e $CeO2$ para as formulações CMP. Estas partículas abrasivas são candidatas adequadas devido às suas distribuições de tamanho estreitas e monodispersas [Zha10]. Para otimizar o desempenho da pasta, devem ser consideradas as taxas de polimento, a seletividade do material, a uniformidade, a eficiência pós-limpeza, a planaridade, o comportamento de dispersão e a vida útil [Ste97].

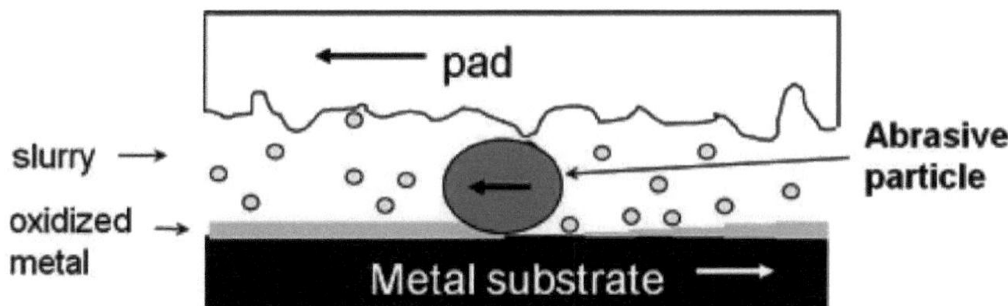

Figura 2.14 Esquema das interacções da lama durante o processo CMP [Gli16]

No processo CMP, os componentes da pasta química afectam as propriedades da formação da camada superficial quimicamente modificada no substrato. A compatibilidade entre a formação desta camada quimicamente alterada e a sua remoção pelas partículas abrasivas de tamanho nanométrico controla a taxa de remoção de material e o desempenho da defetividade, como se pode ver na Figura 2.14.

2.3.4 Vantagens e desvantagens do processo CMP

O processo CMP é um método complexo, que inclui acções químicas e mecânicas em simultâneo através dos três componentes principais explicados anteriormente. Além disso, cada um dos componentes pode variar consoante a temperatura, a pressão e a velocidade relativa da superfície. Por conseguinte, é realmente um desafio conseguir controlar os parâmetros CMP para a otimização. No entanto, o processo CMP é um dos métodos mais precisos para obter um tratamento de superfície controlado devido a este conjunto de múltiplos agentes. O processo CMP é um método universal, aplicável a todos os tipos de superfícies que requerem uma planarização global. No fabrico de semicondutores, o processo CMP proporciona uma topografia reduzida, o que permite uma fotolitografia precisa e, consequentemente, regras de conceção e níveis de interligação mais apertados. Por outro lado, os componentes químicos do processo CMP proporcionam uma alternativa à modelação das superfícies metálicas, o que o torna um candidato ao eliminar a utilização de métodos mais difíceis, como a gravação por iões/plasma. Além disso, embora o CMP seja implementado na superfície do implante, não são utilizados produtos químicos perigosos como no processo de gravura. Além disso, as variáveis multifuncionais do processo CMP ajudam a aumentar a fiabilidade, a velocidade e o rendimento numa operação de baixo custo.

No entanto, o processo CMP foi concebido para a planarização de materiais bidimensionais. De modo a utilizar a CMP na indústria de implantes, o atual processo CMP deve ser adaptado a um desenho tridimensional (3D). São aplicados métodos de polimento regulares para os grandes substitutos ósseos em 3D, como se pode ver na Figura 2.15. Um braço robótico segura cada implante na direção do tecido de polimento e o tecido de polimento atinge cada curva do implante através dos movimentos do braço robótico. No entanto, o método de polimento geral não é eficaz com base na qualidade e na composição do acabamento da superfície, bem como na velocidade e no tempo despendido durante a operação.

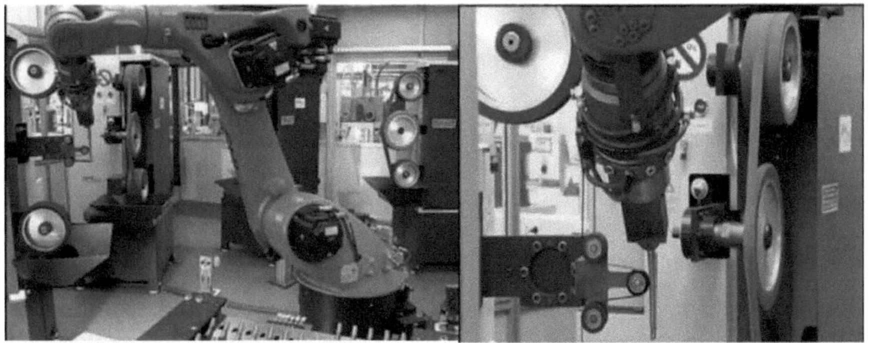

Figura 2.15 Os braços robóticos industriais estão a ser utilizados comercialmente para o polimento de superfícies de implantes ósseos de grandes dimensões [https://www.youtube.com/watch?v=gO 8spCu29M]

2.4 Âmbito do estudo

O tratamento de superfícies de implantes médicos continua a ser um campo em desenvolvimento para a identificação da metodologia mais adequada de tratamento de superfícies de materiais. Os estudos efectuados na literatura indicam que a maioria dos métodos de tratamento de superfícies apresenta desvantagens com base na avaliação in vivo dos implantes. Com base na revisão detalhada dos vários métodos de tratamento de superfície, este estudo investiga o processo CMP como uma técnica alternativa para induzir uma textura de superfície controlada nos materiais de implante à base de titânio. Por conseguinte, foram examinadas as condições de CMP para o processamento das superfícies de materiais à base de titânio, a fim de obter uma estruturação controlada da superfície, a remoção de material e desempenhos de qualidade de superfície óptimos. Além disso, a otimização do processo CMP foi investigada através da alteração dos produtos químicos da pasta e do tipo de almofada. Adicionalmente, a biocompatibilidade dos implantes de titânio induzidos por CMP foi avaliada através de análises de citotoxicidade, viabilidade celular e crescimento bacteriano. Embora esta dissertação se tenha centrado principalmente nos implantes dentários, espera-se que os resultados deste estudo possam ser aplicados a outros tipos de implantes para melhorar as propriedades da superfície.

CAPÍTULO III

APLICAÇÃO DO POLIMENTO QUÍMICO-MECÂNICO EM SUPERFÍCIES DE IMPLANTES DE TITÂNIO

3.1 Introdução

O processo de polimento químico-mecânico (CMP) foi introduzido inicialmente para o polimento de vidro para telescópios e lentes de grandes dimensões e alargado à planarização de superfícies de bolachas no fabrico de microeletrónica, com base nos desenvolvimentos iniciais realizados pela IBM na década de 1980 [Bas11]. No processo CMP, a película superior do material a ser polido é exposta aos produtos químicos da pasta de polimento, que consistem em partículas de tamanho submicrónico, ajustadores de pH, estabilizadores e corrosivos. A interação destes produtos químicos com os materiais do substrato resulta na formação de uma película superior quimicamente alterada que é removida pela abrasão mecânica das partículas abrasivas da pasta. Por conseguinte, é um método inovador em comparação com as técnicas gerais de tratamento mecânico utilizadas para o tratamento de superfícies de implantes [Sit99]. O sucesso do processo CMP é medido pela taxa de remoção de material e pela qualidade da superfície do material do substrato. A taxa de remoção de material e o acabamento da superfície preferíveis são alcançados no processo CMP através dos efeitos sinergéticos das forças químicas e mecânicas. Foi demonstrado que, no processo CMP, o conteúdo químico da pasta de polimento é responsável por facilitar a abrasão através da formação de película quimicamente modificada, enquanto as forças mecânicas ajudam a obter a topografia de superfície necessária [Run96]. A ação mecânica no processo CMP é principalmente proporcionada pelas partículas abrasivas de tamanho nanométrico que se movem entre a almofada e a superfície do substrato sob a carga aplicada.

Na microeletrónica, o processo CMP do titânio é realizado para planarizar camadas de Ti e TiN, que são utilizadas como barreiras de difusão de interligação entre o alumínio e as camadas dieléctricas para o primeiro nível de metalização [Cha03].

Recentemente, tem-se verificado que a aplicação de CMP em películas de titânio tem sido mais bem sucedida em termos de formação de uma película de óxido na superfície do titânio em comparação com as películas gravadas, o que também contribui para a biocompatibilidade [Oka09, Tan07]. Além disso, a aplicação de CMP em titânio demonstrou que as superfícies de titânio tratadas por CMP utilizando pastas de SiO2 coloidal com uma concentração de oxidante de 3wt% eram muito mais claras e contínuas em termos de composição do que o ataque eletroquímico. O condicionamento eletroquímico formou uma camada de óxido de titânio amarelada e desfocada sobre o titânio durante o processo. Neste estudo, a CMP foi utilizada para induzir uma suavidade à escala nanométrica ou uma rugosidade à escala nanométrica/micrométrica na superfície do bioimplante, para além de ajudar a remover as camadas superficiais contaminadas. Em particular, centramo-nos nos implantes dentários para alterar a rugosidade da superfície de forma controlada. A implementação do processo CMP em bioimplantes à base de titânio, induzindo uma suavidade ou rugosidade controlada da superfície através da conceção das variáveis do processo CMP, tais como o tamanho e o tipo de partículas da pasta, a carga de sólidos, bem como o tipo e a concentração do oxidante, são os principais factores avaliados.

Neste capítulo, são apresentados os resultados do processo de CMP realizado com partículas de pasta de Al2O3 e H2O2 como oxidante em amostras de Ti comercialmente puro (cp) com diferentes discos de polimento. Simultaneamente, as respostas CMP das placas de titânio com diferentes materiais de almofada e concentrações de lama/oxidante são discutidas em termos de respostas da taxa de remoção de material e alterações da topografia da superfície em correlação com os valores de rugosidade da superfície medidos utilizando o microscópio de força atómica (AFM) e a análise da molhabilidade realizada através das medições do ângulo de contacto. Para demonstrar a utilização da CMP em implantes dentários, foram processadas neste estudo placas de titânio e implantes dentários, sendo os resultados discutidos em pormenor.

3.2 Experimental

3.2.1 Tratamento de polimento químico-mecânico da superfície de titânio

As análises CMP foram efectuadas em folhas de titânio com 1 mm de espessura e 99,6% de pureza (TI000430) obtidas da Goodfellow Cambridge Limited. A folha original, com 300 x 300 mm de dimensão, foi cortada em pedaços de 14 x 14 mm para se adaptar ao suporte da ferramenta CMP. A superfície da amostra da folha de titânio original, que é considerada como linha de base neste estudo experimental, foi recozida. A Figura 3.1a ilustra a micrografia ótica da superfície da placa de titânio anodizado (200X), bem como a imagem de secção transversal SEM que ilustra a camada de óxido espessa e porosa com 30-40 μm de espessura. A Figura 3.1b mostra o implante dentário à base de titânio utilizado para implementar as condições CMP optimizadas através do polimento manual numa amostra 3-D. Os implantes dentários foram fornecidos pela MODE Medical Company e só foram moldados por maquinagem antes de serem expostos aos ensaios CMP. A Figura 3.1.d mostra a estrutura da superfície maquinada do próprio implante dentário (200X).

As experiências CMP foram realizadas num polidor de mesa Tegrapol-31. A Figura 3.2.a mostra a configuração CMP bidimensional padrão tal como é desenvolvida para o polimento e a planarização das estruturas bidimensionais. As pastas de CMP foram preparadas utilizando três compostos de óxido diferentes que são geralmente utilizados na formulação de pastas de CMP. A pasta de polimento foi preparada internamente utilizando partículas de alumina (Al_2O_3) com o tamanho de 50 nm, na concentração de sólidos da pasta como percentagem de peso (5 wt. %). Os valores de pH foram ajustados de acordo com o ponto isoelétrico (iep) da nanopartícula selecionada para garantir a estabilidade durante o processo de polimento. A fim de proporcionar uma estabilidade a longo prazo, as suspensões de pasta preparadas foram submetidas a ultra-sons durante tempo suficiente através de ajustes repetidos de pH até a pasta estar completamente estabilizada, o que foi confirmado pela distribuição do tamanho das partículas da pasta analisada pelo analisador de tamanho de partículas Coulter LS 13 320. Os testes CMP foram realizados com 70 N de força para baixo, o que equivale a uma pressão de 7,88 psi sobre o tamanho da amostra utilizada.

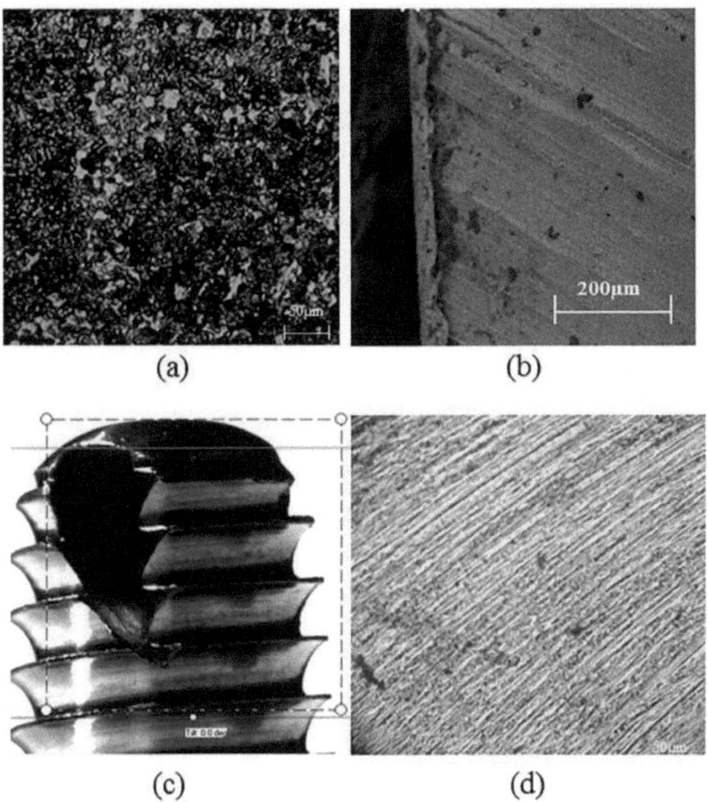

(a)

(b)

(c)

(d)

Figura 3.1 Estruturas de superfície de (a) amostra de placa de titânio anodizado de base (ampliação de 200X) (b) secção X SEM ilustrando óxido de superfície espesso, na placa de titânio de base (c) amostra de implante dentário maquinado de base sem tratamento de superfície adicional (4X) e (d) implante dentário maquinado ampliação a 200X [Ozd16].

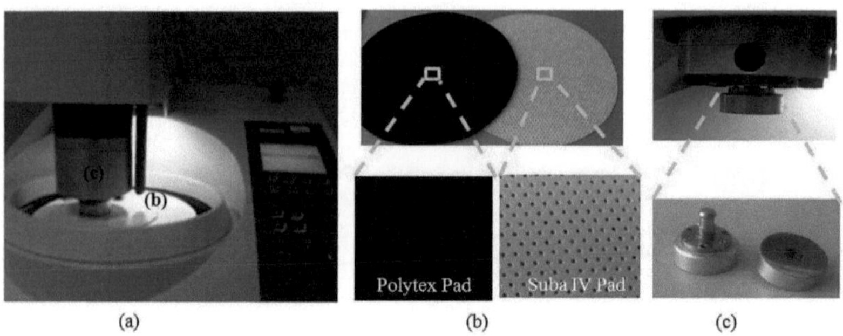

Figura 3.2 Configuração CMP para polimento de placas de titânio 2-D (a) ferramenta CMP de mesa (Struers, Tengramin) (b) almofadas de polimento polytex e Suba IV e (c) suporte de amostras CMP [Ozd16].

As placas de titânio foram polidas utilizando uma sub-almofada SubaIV empilhada sob uma almofada de polimento polytex para alisar a superfície, protegendo ao mesmo tempo a forma em macro-escala das placas. Esta configuração de almofada macia permite uma interação suave entre a almofada e a superfície do implante, proporcionando um alisamento local e mantendo a forma física da superfície, necessária para o passo do parafuso dos implantes dentários. Além disso, a almofada de poliuretano IC1000 também foi utilizada para permitir a planarização das amostras, de modo a induzir uma rugosidade ou suavidade de tamanho nanométrico nas placas de titânio. Além disso, a Figura 3.3 ilustra dois tamanhos de lixas (carboneto de silício, SiC, 150C e P320) que foram utilizadas em vez da almofada de polimento para criar as microestruturas através do processo CMP. As figuras 3.2.b e 3.2.c ilustram as almofadas CMP e o suporte de amostras, respetivamente. Na Figura 3.2 b, a imagem com uma estrutura de superfície quadrada de cor escura pertence à almofada Polytex utilizada como almofada principal e a almofada de cor mais clara com orifícios circulares pertence à sub-almofada Suba IV. O peróxido de hidrogénio (H_2O_2 obtido da Sigma Aldrich com uma concentração de 34,5-36,5 %) foi utilizado como oxidante nas experiências CMP, exceto na amostra de base, que não recebeu qualquer tratamento adicional. Além disso, uma das amostras foi polida sem o oxidante para expor o titânio metálico subjacente, a fim de compreender o efeito da formação de uma camada de óxido durante a aplicação da CMP na biocompatibilidade da amostra. As amostras testadas com as almofadas poliméricas CMP e os papéis abrasivos foram polidas durante 2 minutos com diferentes adições de oxidante. As taxas de remoção de material foram calculadas através da perda de peso das amostras antes e depois do polimento com uma balança científica de precisão modelo ES125SM da Swiss Made (cinco dígitos após o ponto decimal, precisão de 0,01 mg). Todas as amostras foram limpas num banho de ultra-sons com água de pH ajustado (pH 9) durante 5 minutos e secas com azoto gasoso antes de serem caracterizadas. O mesmo procedimento experimental foi implementado nas amostras de implantes dentários 3-D obtidas da Mode Medical Limited, utilizando uma escova polimérica e uma pasta fluida nas amostras enquanto estas eram polidas à mão.

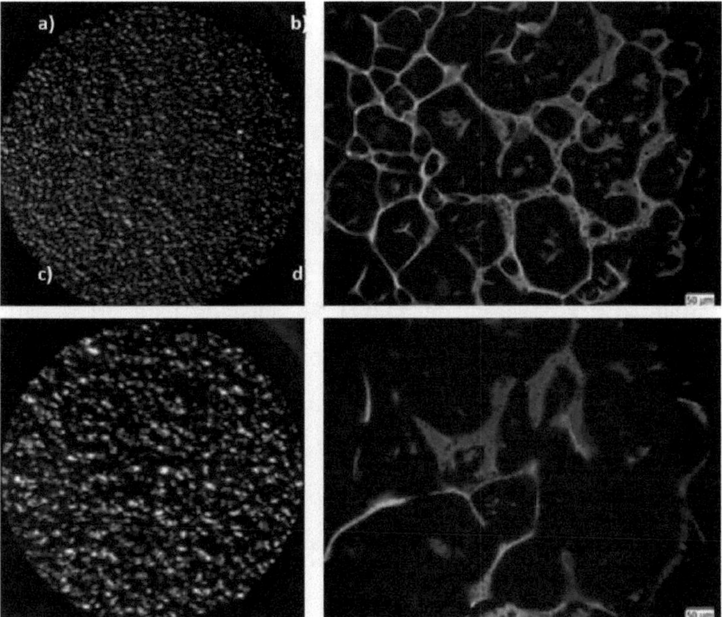

Figura 3.3 Papéis abrasivos à base de SiC (a) tamanho de partícula de 45µm (10X) (b) tamanho de partícula de 45µm (200X), (c) tamanho de partícula de 90µm (10X) e (d) tamanho de partícula de 90µm (ampliação de 200X).

3.2.2 Caracterização da lama

As suspensões aquosas de lamas foram preparadas a um pH constante para minimizar o risco de aglomeração para um processo CMP reprodutível e sem riscos. Uma vez que todas as partículas na água têm uma carga superficial devido à interação de sítios funcionais de superfície OH (hidroxilo) neutros (H^+ ou OH^-) com a superfície, o material pode ter uma carga negativa ou positiva, dependendo do pH da solução. A concentração de iões de hidrogénio a um pH em que as cargas negativas e positivas totais são iguais entre si é designada por ponto de carga zero ou ponto isoelétrico. Por outro lado, os iões contrários que rodeiam cada partícula formam uma nuvem de carga oposta à volta da partícula, a que se dá o nome de potencial zeta. Quando as partículas estão próximas umas das outras, estas nuvens carregadas sobrepõem-se e tendem a formar interacções repulsivas entre as partículas do mesmo tipo, assegurando a estabilidade da suspensão [Mat01].

As partículas de pasta CMP seleccionadas utilizadas neste estudo têm uma vasta gama de valores de iep devido à sua natureza química. Como se sabe que os óxidos metálicos são óxidos básicos, as partículas de alumina ($Al\,O_{23}$) têm valores de iep a pH - 8-9. Isto significa que a utilização destes valores de pH irá filtrar a carga da superfície e resulta num sistema coloidal instável para as partículas em meios aquosos. Por conseguinte, o pH da pasta de Al2O3 foi ajustado para pH 4 para aumentar a carga superficial como potencial zeta positivo. A fim de avaliar a resposta de estabilidade destas pastas, as distribuições do tamanho das partículas da pasta foram analisadas pelo instrumento de medição do tamanho das partículas por dispersão de luz estática, Coulter LS-13 320, no seu próprio valor de pH, ajustando o pH da água de fundo no módulo de líquido universal durante as medições.

As análises de tamanho de partícula da pasta pelo Coulter LS 13 320 são relatadas na Figura 3.4, para Al2O3. Através das distribuições de percentagem de volume e de percentagem de número, pode ver-se claramente que as pastas à base de Al2O3 possuem dois picos na distribuição de percentagem de volume, o que significa que existem aglomerados moles (coagulação) nas pastas, conforme observado pelo pico secundário nos tamanhos maiores. Embora as distribuições numéricas percentuais das pastas de Al2O3 tenham mostrado um tamanho médio de 116 nm das partículas, as medições baseadas no volume resultaram em tamanhos maiores devido a problemas de estabilidade com as pastas feitas no laboratório.

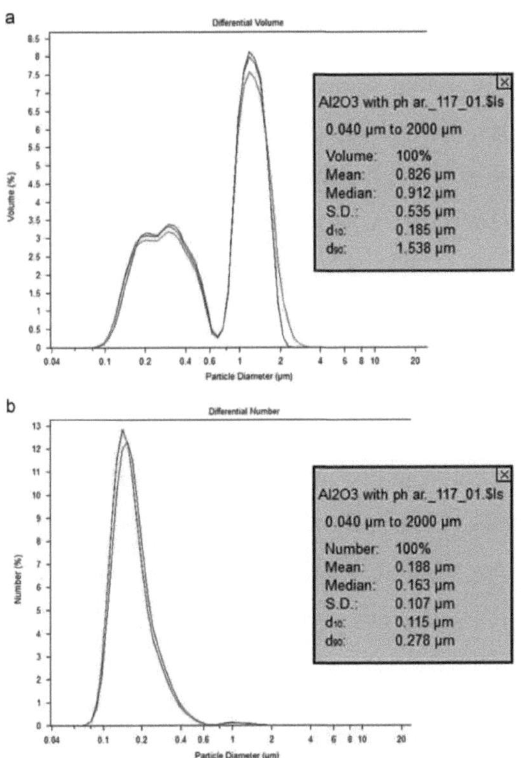

Figura 3.4 Distribuições de tamanho de partículas de Al2O3 a pH 4 (a) Distribuição baseada em % de volume e (b) distribuição baseada em % de número [Ozd17].

3.2.3 Caracterização da superfície

3.2.3.1 Caracterização da molhabilidade

Todos os substratos de titânio 2-D e 3-D foram caracterizados quanto à resposta de molhabilidade através de medições do ângulo de contacto com fluido corporal simulado (SBF), preparado de acordo com o método de Kokubo et al. [Kok90], utilizando um goniómetro de ângulo de contacto KSV ATTENSION Theta Lite

Optic, através do método da gota séssil. Foram medidas cinco gotas em cada amostra. As imagens das gotas foram armazenadas por uma câmara e um sistema de análise de imagem calculou o ângulo de contacto (Θ) a partir da forma das gotas.

Preparação de fluido corporal simulado:

As concentrações iónicas dos fluidos corporais simulados são quase iguais às do plasma sanguíneo humano. Os reagentes foram dissolvidos em 500 ml de água destilada, um a um, na ordem indicada: NaCl (7,996 g), NaHCO3 (0,350g), KCl (0.224 g), K_2HPO_4.3H2O (0.228g), $MgCl_2 \cdot 6H_2O$ (0.305 g), 40ml de HCl 1N, CaCl2 (0.278 g), Na2SO4 (0.071 g) e (CH_2OH)3CNH2 (6.057g). A temperatura foi aumentada para 37 °C e o pH foi ajustado para 7,4 usando HCl 1N e o volume final para 1000 mL usando água DI.

3.2.3.2 *Caracterização da topografia e rugosidade da superfície*

As topografias de superfície dos espécimes 2-D foram examinadas pelo Microscópio de Força Atómica (AFM) Nanomagnetics utilizando o modo de contacto. Os valores de rugosidade da superfície foram registados numa área de varrimento de 10×10 µm e apresentados como uma média de, no mínimo, três medições efectuadas nas amostras. Verifica-se que as películas finas de óxido metálico geradas por CMP se situam em escalas nanométricas (1-10 nm) [Karl 5] e os feixes de alta energia da Microscopia Eletrónica de Varrimento (SEM) provocam danos nestas películas ultrafinas ou exigem a aplicação de um revestimento (o que altera a natureza da camada fina de óxido). Por conseguinte, a técnica AFM foi preferida para a caraterização das superfícies de titânio induzidas por CMP (a AFM não requer a aplicação de um revestimento na superfície) [Kau91]. Foram efectuadas análises SEM para obter as análises de secção transversal na placa de titânio original pelo JEOL JIB-4501SEM para analisar a espessura da camada de óxido de titânio anodizado. Além disso, foram realizadas análises de perfilometria para medir os valores de rugosidade das placas de titânio à escala de microns em 3 dimensões e à escala de mm na dimensão X-Y, utilizando um perfilómetro Mitutoyo SJ-400. Foram digitalizados comprimentos de 4 mm nas amostras em três locais diferentes e calculada a média para registar os valores da rugosidade média (Ra) e da altura média da rugosidade (Rz).

3.3 Resultados e discussão

3.3.1 Resposta da taxa de remoção de material para amostras 2D

3.3.1.1 *Efeito dos produtos químicos da lama (partículas abrasivas)*

A CMP é um processo que combina acções mecânicas e químicas, sendo o polimento mecânico proporcionado pela ação das partículas abrasivas. Por conseguinte, a interação das partículas de lama com a superfície do material é um dos principais componentes dos mecanismos de remoção da superfície metálica. O mecanismo depende de duas acções: i) corrosão por via húmida do metal e ii) oxidação e passivação do metal. Os diferentes óxidos metálicos têm diferentes graus de solubilidade em água e, se o óxido for insolúvel, aderente e contínuo, pode impedir a difusão do oxigénio até que as partículas da lama abrasem mecanicamente a camada superficial. Isto permite a seletividade topográfica.

Nas avaliações preliminares de CMP, foi utilizada uma almofada dura (poliuretano IC1000) para proporcionar um acabamento de superfície suave utilizando abrasivos de pasta de Al2O3. As experiências de CMP foram conduzidas: (i) sem oxidante e (ii) na presença de 3 wt % H_2O_2. A Figura 3.5.a mostra os valores da taxa de remoção para a CMP sem adição de um oxidante. Além disso, os desempenhos de molhabilidade das amostras polidas têm uma correlação com os valores da taxa de remoção de material, como se pode ver na Figura 3.5.b. Os valores do ângulo de contacto aumentam com o aumento das taxas de remoção. As amostras processadas com 3wt% H_2O_2 apresentaram resultados diferentes devido à formação de óxido na superfície durante a CMP.

3.3.1.2 *Efeito da almofada de polimento*

Os materiais das almofadas também foram avaliados no que diz respeito ao desempenho do CMP. O controlo das variáveis do CMP, como a lama, o tipo e a dosagem do oxidante e o tipo de almofada, permite o controlo das propriedades da superfície após o CMP. No caso das bioaplicações, a natureza da superfície e a biocompatibilidade estão relacionadas com o desempenho da rugosidade e da molhabilidade da superfície. Por conseguinte, nesta parte da dissertação, foram avaliadas diferentes variáveis de almofada com o tipo de partículas de pasta selecionado (Al2O3 com uma carga de sólidos de 5% em peso) e as condições de concentração de oxidante (3% em peso de H2O2).

As placas de titânio da linha de base foram anodizadas e, por conseguinte, tinham uma camada de óxido poroso na superfície, como se pode ver na Figura 3.1a. Para compreender o impacto da presença de óxido, bem como a natureza da película de óxido na superfície de titânio, inicialmente a amostra de base foi sujeita a uma caraterização da superfície e a avaliações biológicas. Além disso, foi preparada outra amostra através da implementação do tratamento CMP, utilizando uma pasta contendo nanopartículas de alumina a 5 wt% a pH 4 sem adição do oxidante H2O2. Esta abordagem afina o processo CMP para funcionar apenas mecanicamente e ajuda a remover o óxido da superfície das placas e a expor o titânio nu sem planarização devido à falta de componente químico. Além disso, a CMP foi efectuada na presença de adição de oxidante às pastas de alumina a uma concentração de 3 wt% de H2O2. Isto ajudou a comparar as películas de óxido de titânio que se formam durante o processo CMP com a película de óxido anodizado de base em termos de desempenho de bioatividade. Nestas avaliações preliminares de CMP, foi utilizado um buffpad de politex relativamente macio em cima de um subpad SUBA IV para proporcionar um acabamento de superfície suave, protegendo ao mesmo tempo a topografia de macroescala da superfície, como as cristas dos parafusos e as raízes dos implantes dentários. Após estes tratamentos, foram também utilizados dois tipos de papéis abrasivos em vez da almofada de polimento para induzir rugosidade à microescala nas placas de titânio. Consequentemente, foram preparados cinco tipos de superfícies de amostra: (i) linha de base, (ii) CMP sem H2O2, que expõe a superfície de titânio nua, (iii) CMP tratada na presença de H2O2, (iv) CMP tratada na presença de oxidante, utilizando papel abrasivo de grelha de 45 μm e, (v) CMP tratada na presença de oxidante, utilizando papel abrasivo de grelha de 90 μm.

Estas cinco amostras foram tratadas e caracterizadas quanto às suas respostas CMP, natureza da superfície e desempenho biológico. As placas de titânio tratadas com as cinco condições acima descritas foram inicialmente caracterizadas quanto à taxa de remoção de material CMP, à molhabilidade e às respostas da topografia da superfície avaliadas através de medições da rugosidade da superfície. A Tabela 3.1 resume as avaliações pós-CMP das experiências realizadas. Pode ser visto que as taxas de remoção de material das amostras polidas nas almofadas poliméricas foram insignificantes. Particularmente, o teste CMP realizado sem a adição de oxidante resultou em apenas 0,007 µm/min de taxa de remoção de material. Este resultado é esperado, uma vez que a remoção de material é impulsionada pelo ataque químico contínuo na superfície pelo oxidante durante a operação CMP. Consequentemente, quando o oxidante é adicionado ao sistema, foram obtidas taxas de remoção de material dentro de uma faixa de 0,5- 0,9 µm/min. Por outro lado, o polimento com os papéis abrasivos resultou em taxas de remoção muito mais altas devido à ação mecânica altamente pronunciada fornecida pelas partículas abrasivas fixas embutidas nos papéis de polimento. Embora, este nível muito elevado de taxas de remoção de material não seja tipicamente desejado para as aplicações CMP, deve notar-se aqui mais uma vez que os papéis abrasivos ajudam a modular a rugosidade da superfície significativamente para compreender o efeito da rugosidade no desempenho do bio-implante.

A Figura 3.5.a ilustra as tendências nas taxas de remoção de material das amostras tratadas com condições CMP seleccionadas. Destaca as taxas de remoção muito mais elevadas com os papéis abrasivos. A Figura 3.5.b resume as medições do ângulo de contacto efectuadas com o fluido corporal simulado nas placas de titânio, representando a molhabilidade da superfície do implante no ambiente corporal.

Tabela 3.1 Taxa de remoção de material, molhabilidade e rugosidade superficial das amostras de placas de titânio tratadas com cinco condições experimentais diferentes [Ozd16].

Amostra	Condições CMP	Remoção	Molhabilidade	Rugosidade	**Profilómetro**

	Tempo (min)	Almofada Tipo	Taxa de material (nm/min)	Ângulo de contacto (θ)	RMS superficial (nm)	Rugosidade da superfície (nm)	
						Ra	Rz
Como está	-	-	-	84.4±0.7	486±17	425±40	2660±50
CMP sem H2O2	2	Almofada de politex	7±2	45.6±1.2	205±32	410±20	2570±60
CMP com 3wt.% H2O2	2	Almofada de politex	505±395	34.3±2.6	128±41	350±30	2470±120
CMP com 3wt.% H2O2	2	Ab.P. (45µm)	30113±3039	54.2±0.2	423±56	350±50	2770±60
CMP com 3% em peso de H2O2	2	Ab.P. (90µm)	37260±3882	65.1±0.7	517±88	540±220	4170±1800

O elevado valor do ângulo de contacto obtido na amostra de titânio de base não tratada pode ser atribuído ao óxido de superfície formado pela anodização, que tem uma estrutura porosa [Bic02, Hsu10]. Acredita-se que o ar aprisionado no óxido de titânio poroso aumenta a hidrofobicidade da superfície. O processo CMP realizado sem a adição do oxidante resultou na remoção da camada superior de óxido e expôs a superfície de titânio com um ângulo de contacto medido de aproximadamente 45°, que é quase metade do valor medido na amostra de base (85°). Esta observação confirma que a espessa película de óxido anodizado foi removida da superfície de titânio durante o polimento com

água, uma vez que a resposta de molhabilidade da amostra se alterou significativamente.

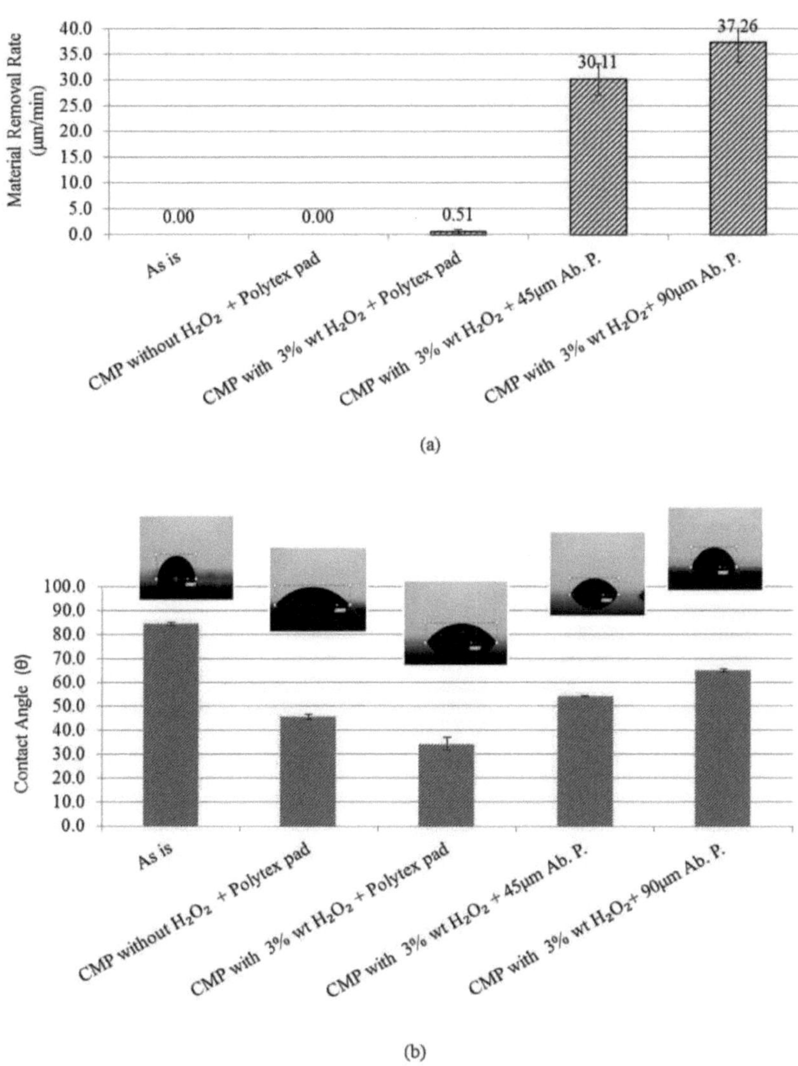

(a)

(b)

Figure 3.5 Resultados da (a) taxa de remoção de material e (b) molhabilidade da superfície da linha de base e das placas de Ti tratadas com CMP [Ozd16].

A diminuição do ângulo de contacto da superfície de titânio nu pode ser atribuída à maior energia de superfície dos átomos de titânio recentemente expostos, resultando numa maior interação com as moléculas de água, o que leva a uma maior molhabilidade da superfície e, consequentemente, a uma diminuição do valor do ângulo de contacto. Nos tratamentos seguintes, em que a CMP foi realizada na presença de um oxidante, o efeito da rugosidade da superfície na resposta do ângulo de contacto começou a dominar, em paralelo com as observações da literatura [Kur05, Mir07].

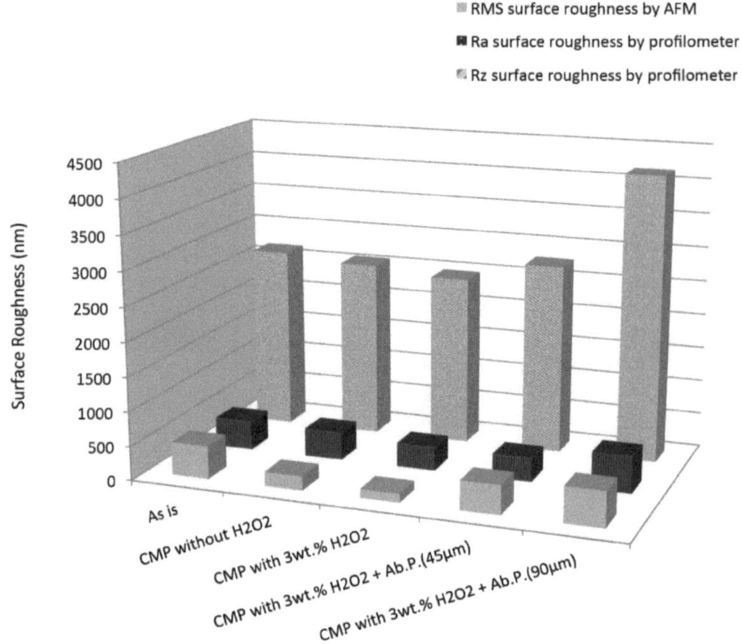

Figure 3.6 Avaliações da rugosidade da superfície com base nos valores RMS, Ra e Rz do Ti tratado com pasta de Al2O3 com diferentes tipos de almofadas [Ozd16].

A Figura 3.6 apresenta os valores de rugosidade da superfície das amostras tratadas com as cinco condições experimentais diferentes (gama do perfilómetro de 4 mm e varrimentos de superfície de 10×10 µm, calculados em média para três amostras). Conforme resumido na Tabela 3.1, a amostra original apresentava uma rugosidade superficial média quadrada (RMS) elevada (- 486 nm) que pode ser atribuída à camada de óxido poroso formada pela anodização. Quando a superfície foi polida com CMP sem a adição de H_2O_2, o óxido poroso da superfície foi removido e a topografia da superfície foi reduzida para - 205 nm. O processo CMP na presença do oxidante a 3wt% e utilizando a almofada de polietileno reduziu ainda mais a rugosidade da superfície para - 128 nm, obtendo um acabamento de superfície mais suave. Por outro lado, quando se utilizaram os papéis abrasivos, a rugosidade da superfície aumentou à medida que o tamanho da grelha aumentou, atingindo até - 517 nm com papel de grão de 90 μm.

As medições de rugosidade em maior escala realizadas com o perfilómetro foram consistentes com os valores de rugosidade AFM nas amostras mais rugosas, incluindo a amostra de base e as amostras processadas com CMP utilizando os papéis abrasivos. Como se pode ver na Figura 3.6 e na Tabela 3.1, a amostra de base foi medida com um rms de 486 nm por AFM e ~ 425 nm (Ra) pelo perfilómetro. Estes valores são estatisticamente iguais. No entanto, para as amostras processadas utilizando a almofada de polimento suave na ausência e na presença do oxidante, os valores de rugosidade AFM foram indicados como ~205 nm e ~128 nm, enquanto a rugosidade do perfilómetro foi medida como ~410 nm e ~350 nm, respetivamente. Para estas amostras mais lisas, as medições da rugosidade local por AFM estão a dar medições de rugosidade mais baixas em comparação com as medições de maior escala pelo perfilómetro. Consequentemente, os resultados são estatisticamente diferentes. No entanto, esta constatação corrobora o resultado de que o tratamento CMP através da utilização de almofadas lisas está a diminuir a rugosidade da superfície localmente, ao mesmo tempo que protege a curvatura global da amostra, como pretendido. Este resultado também é confirmado pelas medições Rz efectuadas pelo perfilómetro, em que as alturas médias de rugosidade são comparáveis para as amostras relativamente mais lisas (~2400-2800 nm), mas a amostra tratada com o papel abrasivo de grelha maior tinha um valor Rz de 4170 nm. Estes resultados apoiam ainda mais a utilização da CMP como método de controlo da rugosidade da superfície para permitir a afinação da superfície para a biocompatibilidade necessária.

Figure 3.7 mostra as micrografias AFM e as correspondentes análises de secções transversais das placas de titânio tratadas em cinco condições experimentais diferentes seleccionadas. Aqui, pode ver-se que as superfícies com um acabamento superficial mais suave, como no caso da aplicação de CMP na presença do oxidante, resultaram numa maior molhabilidade e, consequentemente, num ângulo de contacto mais baixo. No entanto, as superfícies com a microrrugosidade induzida (como as amostras polidas com papéis abrasivos) resultaram num ângulo de contacto mais elevado, que pode ser atribuído à menor molhabilidade através das bolsas de ar aprisionadas nas ranhuras da superfície. Um outro fator importante que pode ser observado comparando as micrografias da Figura 3.7 é que a CMP das superfícies utilizando a almofada de polietileno macio ajuda a alisar as superfícies localmente enquanto protege a topografia em macroescala. Este efeito pode ser observado quando se comparam os perfis de secção transversal da amostra de base e da amostra tratada com CMP.

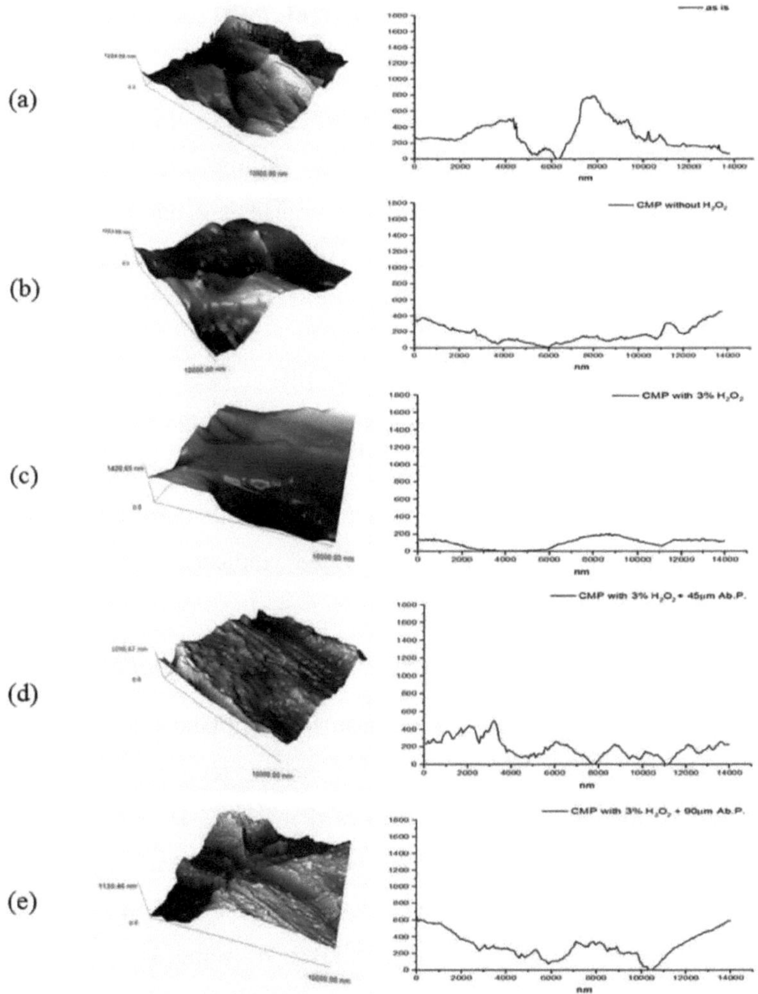

Figura 3.7 Micrografias AFM pós-tratamento CMP e imagens de secções transversais pré e pós CMP das placas de titânio (a) como amostra de base recebida (b) pós CMP sem oxidante (c) pós CMP com oxidante 3% H2O2 (d) pós CMP com oxidante 3% H O_{22} com papel abrasivo de grão 45µm e (e) pós CMP com oxidante 3% H O_{22} com papel abrasivo de grão 90µm [Ozd16].

3.3.3 Resposta da taxa de remoção de material para as amostras de implantes 3D

No âmbito desta dissertação, o tratamento CMP é sugerido como um método alternativo para a engenharia de superfície de materiais de implantes. Assim, para além dos testes preliminares nas placas de titânio, os implantes dentários de titânio foram também tratados de acordo com as condições CMP pré-seleccionadas.

3.3.3.1 Efeito das partículas abrasivas da lama

Entre as partículas de lama testadas para placas de titânio (Al_2O_3). A Figura 3.8 apresenta a taxa de remoção de material e os desempenhos de molhabilidade dos implantes dentários tratados na ausência e na presença de H_2O_2 a 3%wt com lamas à base de alumina. Por outro lado, o desempenho da molhabilidade da pasta de 5wt% Al_2O_3 foi inferior, com um ângulo de contacto de 61,88°, indicando a formação de uma superfície de natureza hidrofílica.

3.3.3.2 Efeito do tipo de almofada no desempenho CMP de implantes 3-D

A Figura 3.8 resume o desempenho CMP das amostras de implantes dentários 3-D quando foram utilizadas diferentes almofadas na preparação. O mesmo procedimento experimental foi seguido nas amostras de implantes dentários 3-D, substituindo a almofada polimérica por uma escova polimérica e polindo manualmente as amostras em todas as suas superfícies expostas com a pasta de polimento à base de alumina. O desempenho da CMP foi avaliado com base nas taxas de remoção de material medidas pela variação do volume unitário em função do tempo e também medindo as respostas de molhabilidade das superfícies dos implantes numa região pré-selecionada onde o passo do parafuso é o mesmo. Pode observar-se que tanto as respostas da taxa de remoção de material (Figura 3.8.a) como os resultados da molhabilidade mantiveram a mesma tendência que a observada nas placas de titânio. Estes resultados são encorajadores na medida em que se espera que as respostas biológicas dos implantes 3-D sejam semelhantes às dos equivalentes 2-D.

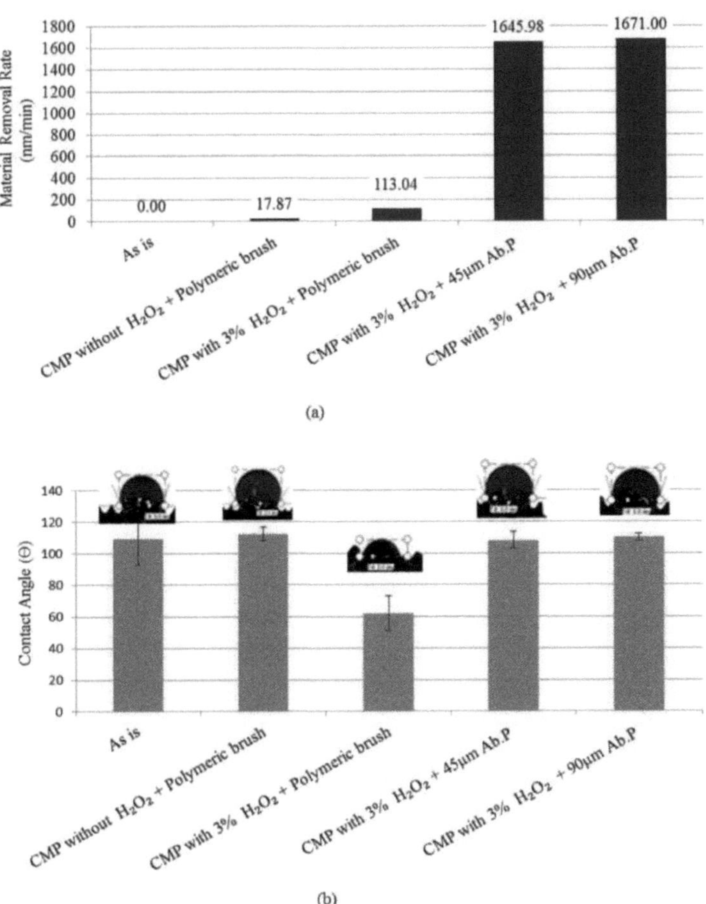

Figura 3.8 Desempenho CMP dos implantes dentários 3-D (a) análises da taxa de remoção de material e, (b) respostas de molhabilidade após o tratamento CMP [Ozd16].

3.4 Resumo

Neste capítulo, examinámos o processo CMP como uma técnica alternativa para criar superfícies de implantes à base de titânio para induzir suavidade ou rugosidade controlada da superfície, formando simultaneamente uma camada de óxido que será examinada em pormenor no capítulo seguinte. O impacto das variáveis do processo

CMP foi avaliado através da utilização de pastas à base de Al2O3 com diferentes concentrações de oxidante. Para modular a rugosidade da superfície, para além dos materiais gerais das almofadas CMP, foram utilizados papéis abrasivos SiC com dois tamanhos de partículas diferentes em vez do material da almofada. As taxas de remoção de material, a rugosidade da superfície e as análises de molhabilidade mostraram que a combinação ideal de lama e oxidante para a engenharia da superfície dependia das variáveis do processo. No caso da aplicação de biomateriais, foram avaliadas tanto as superfícies lisas como as rugosas, tal como referido no Capítulo 5. Finalmente, a aplicação da CMP nas superfícies 3-D dos implantes dentários também resultou em respostas CMP semelhantes às das placas 2-D, confirmando que a aplicação da CMP pode ajudar a melhorar as propriedades da superfície dos implantes à base de titânio.

CAPÍTULO IV

FORMAÇÃO DE PELÍCULA DE ÓXIDO NA SUPERFÍCIE NATIVA E CARACTERIZAÇÃO DE AMOSTRAS DE TITÂNIO INDUZIDAS POR POLIMENTO QUÍMICO-MECÂNICO

4.1 Introdução

O titânio tende a formar uma camada de óxido nativo no ar, que é semelhante às características do TiO2 estequiométrico devido à sua natureza amorfa e defeituosa [Cox92, Gem07]. Esta camada de óxido nativo contribui para o comportamento biocompatível da superfície de titânio [Alb81]. Além disso, esta película de óxido impede a dissolução de iões no tecido circundante e promove a osseointegração devido à natureza bio-cerâmica ativa [Gem07]. A interação celular e o bloqueio ósseo entre o material do implante e o tecido dependem da composição, homogeneidade e espessura da camada de óxido [Wen98, Li02]. Além disso, a funcionalidade mecânica do implante também pode ser afetada pelas propriedades da superfície de óxido. Os métodos gerais de tratamento da superfície tendem a resultar na formação de películas de óxido espessas e porosas, que apresentam uma biocompatibilidade reduzida e uma resistência à corrosão degradada em comparação com camadas finas, homogéneas e sem poros.

Neste capítulo, a camada de óxido que se forma na superfície do titânio através do tratamento CMP foi caracterizada através de análises de difração de raios X (XRD), espetroscopia de fotoelectrões de raios X (XPS) e espetroscopia de raios X por dispersão de energia (EDX), a fim de compreender a composição química, a morfologia e a estrutura cristalina do filme.

4.2 Análises experimentais

4.2.1 Análises da estrutura cristalográfica da superfície

A fim de analisar as alterações na natureza da película fina muito superior que é modificada pela ação química do processo CMP, foram realizadas análises GIXRD de ângulo de pastagem utilizando o analisador XRD PANalytical, modelo X'PERT Pro MPD. Os perfis de XRD foram recolhidos entre 20-80° de ângulos de 2Θ com um intervalo de passo de 0,02°, utilizando ângulos de grazing para as medições.

4.2.2 Análises da composição química da superfície

A natureza química das superfícies de titânio foi estudada através de espetroscopia de fotoelectrões de raios X (XPS) e análises de raios X por dispersão de energia (EDX). A ferramenta PHOIBOS HAS 3500 150 R5e XPS [HW Type 30:14] foi utilizada para comparar os estados electrónicos do Ti2p e do O1s das placas de titânio antes e depois da CMP. Além disso, foram realizadas análises EDX num microscópio eletrónico de varrimento (SEM) JEOL JIB-4501 MultiBeam. Os picos do titânio foram investigados ao nível de energia de 0,4 e 4,5 eV e o pico do oxigénio foi analisado ao nível de 0,525 eV como valores de referência [Kim08]. Além disso, as composições químicas da superfície das amostras de titânio foram estudadas através de análises FT-IR para observar quaisquer alterações químicas na camada superficial, como se pode ver na espetroscopia FT-IR utilizando o módulo de Reflectância Total Atenuada (ATR).

4.3 Resultados e discussão

4.3.1 Caracterização da superfície de titânio em função do tratamento CMP selecionado

O Ti e as suas ligas tendem a desenvolver uma camada amorfa de óxido de TiO2 formada pelo ar no topo do substrato [Roe02]. A natureza desta camada de óxido depende das características da superfície do material e da técnica de processamento. Foi documentado que a oxidação a altas temperaturas promove a formação de uma forma cristalina da película de óxido com o aumento da espessura [Tho97]. A camada de óxido formada no substrato de titânio foi examinada em pormenor neste capítulo em função das condições de tratamento de superfície implementadas.

4.3.1.1 Caracterização da película de óxido de superfície em substrato de titânio

Foram efectuadas avaliações preliminares nas amostras de titânio para mostrar a diferença na natureza das películas de óxido com a implementação da CMP.

A natureza do óxido de superfície que se forma nas placas de titânio foi caracterizada quanto à composição elementar, bem como quanto à estrutura cristalina. Para determinar a composição elementar, foram efectuadas análises XPS. Além disso, as alterações na natureza cristalográfica da superfície de titânio na ausência e presença do oxidante nas pastas CMP foram analisadas por XRD para compreender a natureza protetora do óxido de superfície. A Figura 4.1 mostra o espetro XPS de placas de titânio tratadas com CMP na ausência (apenas utilizando água na pasta CMP) e na presença de 3wt% H2O2 na região orbital 2p do titânio (região Ti2p) e na região orbital 1s do oxigénio (região O1s). Esta análise foi realizada para determinar as alterações nas intensidades dos picos típicos do titânio e do oxigénio das placas de titânio, uma vez que são conhecidos por confirmarem a formação de óxido protetor na superfície [Oka09]. Foi observado um pico proeminente de Ti 2p3/2 na região de 459 eV (Figura 4.1.a), que corresponde à energia de ligação do pico Ti 2p3/2 conforme à do Ti no TiO2. Do mesmo modo, o pico de O 1s está posicionado na região de 530-535 eV, como se pode ver na Figura 4.1.b, o que pode ser atribuído aos três componentes químicos do oxigénio, nomeadamente (i) o oxigénio da rede O2- (530,3 eV), (ii) o OH- em ponte e terminal (532,0 eV) e (iii) os picos de H2O adsorvidos (533,2 eV) [Lee12, Mob09]. As amostras polidas por CMP na presença do oxidante mostraram uma maior intensidade do pico O1s em relação às amostras polidas utilizando apenas água na pasta, como se pode ver na Figura 4.1 b. No entanto, os picos Ti 2p3/2 do titânio sobrepuseram-se para ambas as amostras, como se pode ver na Figura 4.1 a. Estes resultados confirmam a oxidação da superfície das placas de titânio quando o oxidante é utilizado na pasta CMP e indicam a formação de um óxido protetor na superfície do titânio [Var08, SaM99].

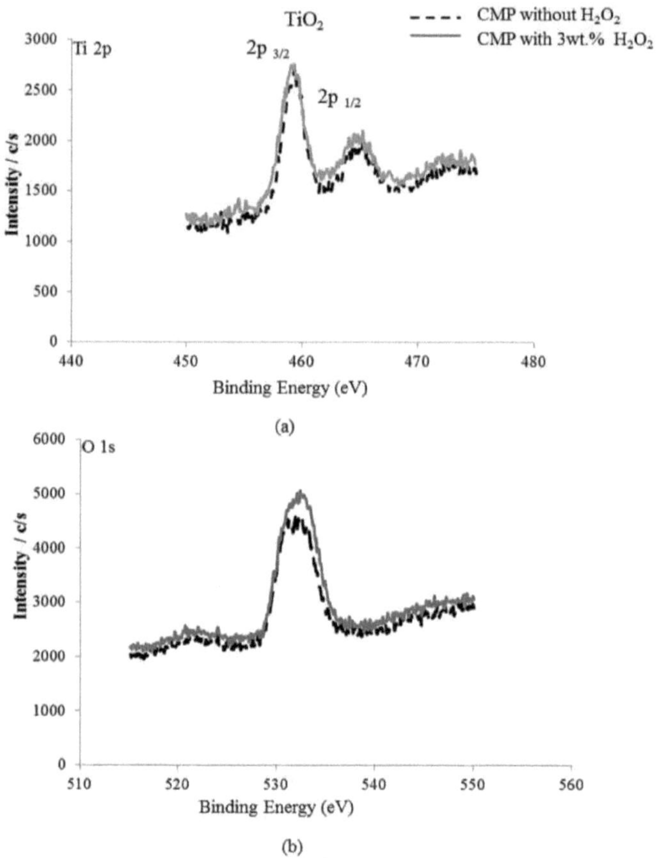

Figura 4.1 Espectro XPS de placas de titânio tratadas com CMP na ausência (apenas utilizando água na pasta) e na presença de 3wt% H2O2 na (a) região Ti2p e, (b) na região O1s [Ozd16].

A Figura 4.2 mostra as análises EDX efectuadas nas amostras tratadas com CMP na presença e na ausência do oxidante com a almofada macia. Os resultados mostraram que as superfícies de ambas as amostras são compostas por titânio e oxigénio. O valor líquido do oxigénio foi de 5,30% na amostra tratada com CMP utilizando apenas água, ao passo que a superfície tratada com CMP na presença de oxidante teve um valor de 9,02%, conforme resumido na Tabela 4.1. Como esperado, a amostra tratada na presença de oxidante tinha um valor líquido de oxigénio mais elevado e a percentagem de titânio correspondente era relativamente mais baixa, de acordo com os resultados XPS.

Tabela 4.1 Resultados das análises EDX em amostras de placas de Ti aplicadas por CMP na ausência e na presença de H O_{22} como oxidante [Ozd16].

Amostra	Elemento	Líquido	Nor. C (% em peso)	Átomo C. (at.%)
CMP sem H2O2	Titânio	19954	93.95	84.49
	Oxigénio	1145	5.35	14.39
CMP com 3wt.% H2O2	Titânio	17997	88.01	72.94
	Oxigénio	2045	9.33	23.15

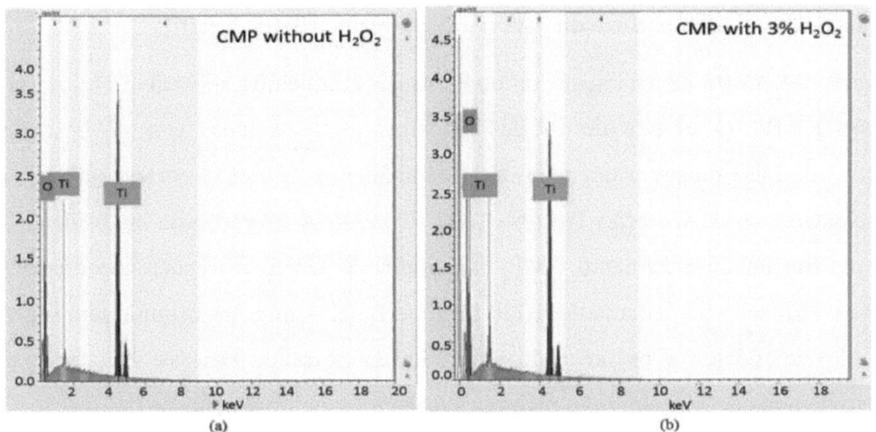

Figura 4.2 Análises EDX nas amostras de titânio CMP tratadas apenas com suspensão de água versus com a adição de 3% de H O_{22} [Ozd16].

A fim de verificar a natureza protetora do óxido de titânio induzido pela CMP, as alterações na natureza cristalográfica da superfície das placas de titânio expostas ao tratamento CMP com e sem a adição do oxidante foram também estudadas através de análises de difração de raios X no ângulo de ataque. Esta técnica tem a vantagem de incidir na região da película fina da superfície da amostra e, por conseguinte, pode fornecer uma comparação precisa da estrutura cristalina da película fina de óxido que se forma durante o processo CMP. Como se pode ver na Figura 4.3, quando se adiciona peróxido de hidrogénio às pastas CMP, a intensidade relativa do pico do Ti diminui 23%, de 175 para 135, enquanto a intensidade relativa do pico do óxido de titânio (a forma anatase da titânia) [Hsu10] aumenta 17%, de 410 para 480. Estes dados concordam ainda com a formação de uma película fina de camada de óxido na superfície da placa de titânio quando esta é tratada com o oxidante nas pastas durante o processo CMP.

Pode concluir-se que se forma uma película mais densa de titânia quando se utiliza o oxidante, em comparação com a amostra tratada com CMP utilizando apenas água. Isto deve-se à conversão mais rápida dos átomos de titânio em dióxido de titânio na presença de H_2O_2 por reação de oxidação, aumentando a natureza protetora da película de óxido na superfície do material do implante [Ila05, Nat10].

A Figura 4.4 ilustra as avaliações da composição química da superfície obtidas por análises FT-IR. O espetro de IV das amostras implementadas com CMP e das amostras de base mostram um pico de transmitância a 550 cm^{-1} correspondente ao pico caraterístico da vibração Ti-O no TiO_2 [Con99]. A alteração da intensidade do pico em função do tratamento CMP implementado realça o impacto do processo CMP na formação da película de óxido de superfície. A amostra original tem o pico mais elevado devido à presença de uma camada de óxido espessa. Em torno do número de onda de 1100 cm^{-1}, o pico mais largo é atribuído à vibração da ligação Ti-O-H na superfície [Ahn03]. O pico de transmitância a 626 cm^{-1} no espetro pertence aos picos de estiramento de Ti-O [Jen05]. Em todos os picos analisados, a intensidade mais elevada continua a ser na amostra de base devido à sua espessa camada de óxido anodizado, em comparação com a formação de película fina de óxido à escala nanométrica nas amostras preparadas por implementação de CMP.

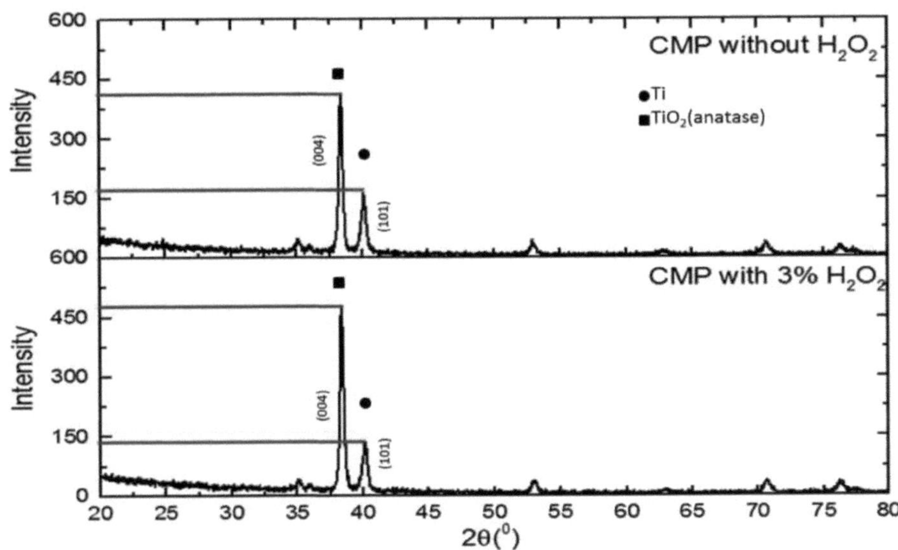

Figura 4.3 Análises de XRD nas amostras de titânio CMP tratadas apenas com suspensão de água versus com a adição de 3% de H O$_{22}$ [Ozd16].

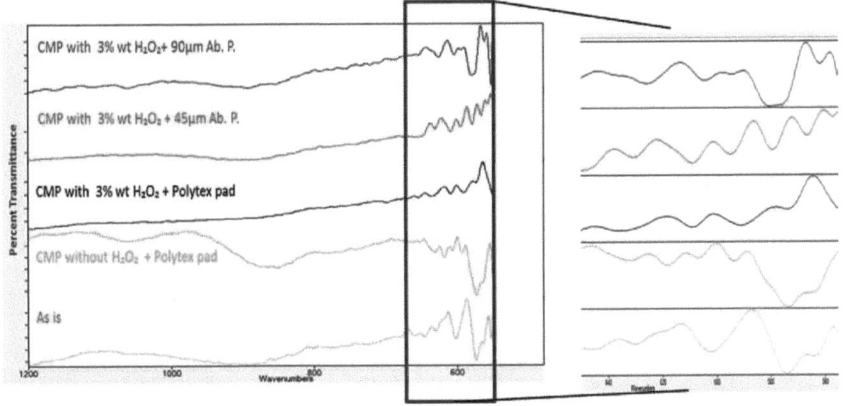

Figura 4.4 Análises FTIR nas amostras de titânio em função do tratamento de superfície implementado [Ozd17].

4.4 Resumo

A aplicação da CMP resulta na formação de uma película de óxido nas superfícies de titânio, que constitui a camada superior quimicamente modificada. Neste capítulo, estas películas foram avaliadas com base nas suas respostas químicas e de composição. As análises químicas mostraram que a película de óxido formada tem uma composição de TiO_2, o que é preferível para uma melhor biocompatibilidade do material de implante. Além disso, as análises XRD mostraram que as amostras implementadas por CMP tinham estruturas cristalinas, que são diferentes das amostras polidas. Para além disso, a concentração de oxidante também resultou na formação de diferentes camadas de óxido nas superfícies.

Na sequência destes resultados, o impacto da película de TiO_2 formada nas respostas biológicas será avaliado em pormenor no próximo capítulo.

CAPÍTULO V

AVALIAÇÕES BIOLÓGICAS DE SUPERFÍCIES DE IMPLANTES À BASE DE TI TRATADAS COM CMP

5.1 Introdução

Atualmente, os implantes de titânio são aplicados com elevadas taxas de sucesso. No entanto, ainda ocorrem problemas de ligação entre o osso e o implante nalguns doentes no período inicial após a implantação, o que pode levar à perda do implante. Outra questão importante da implantologia são os longos períodos de espera para a ligação osso-implante após a cirurgia. O facto de os implantes de titânio não possuírem tecidos periodontais como os dentes naturais, faz com que tenham uma baixa resistência às condições externas da boca. A eliminação destas ineficiências é a base dos esforços de investigação dos implantes à base de titânio nos últimos anos. A fim de proporcionar uma interface osso-implante óptima e combatível a longo prazo, o principal objetivo é criar uma interface adequada. A longo prazo, é necessária uma migração rápida das células osteoblásticas e a formação de matriz extracelular, para além da produção de uma bio-superfície que funcione como uma interface à prova de fugas de agentes patogénicos com o osso e os tecidos moles. Por outro lado, o comportamento das células na interface biomaterial-tecido também depende das propriedades físico-químicas da amostra do implante, tais como a energia livre da superfície, a molhabilidade e a composição química da superfície do material [Pon03]. Muitos estudos demonstraram que, para além das propriedades físico-químicas, a rugosidade da superfície é outro parâmetro importante, que influencia o comportamento de adesão das células [Pon03, Lin98, Rol11].

Foi demonstrado que existem muitos processos para alterar a rugosidade da superfície do material implantável, com o objetivo de modificar a superfície para uma melhor adesão das células, como mencionado anteriormente [Ani11, Gar12, Mdo04, Gup10]. Para além destes métodos, o processo de polimento químico-mecânico (CMP) é sugerido como um método alternativo para alterar as propriedades da superfície através da indução de suavidade ou rugosidade controlada na superfície do Ti neste estudo [Bas14, Ozd16]. Além disso, a utilização de oxidante durante o processo CMP forma uma camada de óxido na superfície que permite uma melhor biocompatibilidade e também evita a contaminação da superfície e a libertação de iões da superfície de titânio [Cac01]. No âmbito deste capítulo, as análises têm como objetivo avaliar a viabilidade celular in vitro e o comportamento de fixação relativamente às modificações superficiais através da implementação de CMP no material Ti.

5.2 Experimental

5.2.1 Experiências de citotoxicidade

O procedimento de ensaio de citotoxicidade ISO 10993-5 foi adaptado para avaliar a viabilidade celular das amostras tratadas com e sem o processo CMP. Foram utilizadas células de fibroblastos de ratinho L929 para representar o sistema de tecidos de mamíferos. As células foram contadas e semeadas numa placa de poços a uma concentração de 10^4 células/placa. As amostras de titânio foram mantidas nas soluções preparadas de acordo com os procedimentos da norma ISO 10993-5 durante 72 horas e os extractos das soluções foram adicionados às placas de células a 37°C e mantidos durante 24 horas num meio com %5-CO2. A viabilidade celular foi avaliada através do agente WST-1 por teste colorimétrico.

5.2.2 . Avaliações da fixação de bactérias

As placas de titânio foram esterilizadas num autoclave a uma temperatura de 120 °C durante 20 minutos antes da análise microbiológica. A bactéria Cronobacter sakazakii (Gram-) foi utilizada como espécie para avaliar a fixação de bactérias. 100 µl de microrganismos do stock microbiano de caldo nutriente foram espalhados em placas de ágar nutriente em condições estéreis. Após o cultivo das bactérias, foram colocadas amostras de Ti esterilizadas em cada placa e incubadas a 37 °C. A zona de crescimento das bactérias foi observada durante 1, 3 e 7 dias e quantificada medindo a espessura das colónias que cresceram na periferia das placas através de fotografias tiradas às amostras, como se pode ver na Figura 5.1a.

5.2.3 Experiências de adesão celular

Para a avaliação do crescimento celular, as placas de titânio foram cortadas em discos circulares para encaixar na placa de poços 18 e esterilizadas com radiação UV. As células de fibroblastos L929 foram amplificadas no laboratório para a proliferação nas amostras. As células foram semeadas diretamente em cima das placas de Ti que foram colocadas no fundo dos poços. O meio nutriente foi mudado de 3 em 3 dias para ajudar a manter as células de fibroblastos vivas. Após 1, 3 e 5 dias de incubação, as células crescidas foram lavadas das placas de titânio. Para testar a fixação das células nas placas de titânio, misturaram-se inicialmente 7,8 g de DMEM-F12 (Dulbecco's Modified Eagle Medium, D8900 Sigma) e 0,6 g de NHCO3 (dissolvido em 450 ml de água ultrapura) para preparar uma solução total de 500 ml. O pH da solução foi ajustado para 7,3 com a adição de NaOH. Foram depois adicionados 50 ml de FBS (soro fetal bovino) para preparar uma solução concentrada de 10wt% de FBS. Foram adicionados 5 ml de antibiótico penicilina estreptomisina (100X) como último componente e a solução foi bem misturada e filtrada como passo final. As células de fibroblastos L929 foram cultivadas no meio nutriente preparado dentro das placas de poços na presença das amostras de Ti preparadas. A solução excessiva foi removida das placas de poços com vácuo e as placas foram lavadas com solução tampão fosfato (PBS). As células crescidas foram separadas das placas utilizando Tripsina nas placas de poços.

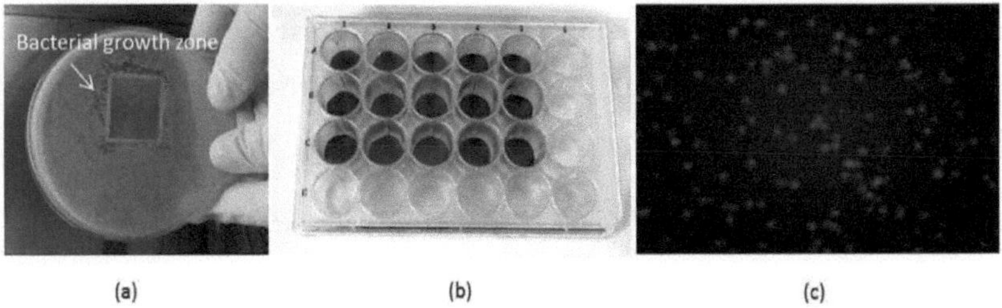

Figura 5.1 Configuração de avaliação biológica para (a) análises de crescimento bacteriano, (b) teste de fixação de células em placas de incubação e (c) imagem microscópica de células L929 em esmalte de Thoma utilizado para a contagem de

células fibroblásticas [Ozd16].

As células foram colocadas nos tubos falcon e centrifugadas à temperatura ambiente a 1300 rpm. As células sedimentadas foram diluídas para uma concentração de 10^4 células/cm^2 e transferidas para a lamela de Thoma para contagem ao microscópio, como se pode ver na Figura 5.1 c.

5.2.4 Análises de ligação de hidroxiapatite

A hidroxiapatite (HA) é conhecida por imitar o tecido ósseo e por promover a fixação de células osteoblásticas como revestimento nos implantes devido à sua composição química biocerâmica do composto [Sho13, SaM99, Bic02, Hsu10]. A fim de imitar a resposta das células ósseas, a fixação de HA foi avaliada nos implantes de titânio através da preparação de uma solução utilizando rotas de Ca e P, nomeadamente o nitrato de cálcio ($Ca_{(NO3)2}$) e o hidrogenossulfato de diamónio (($_{NH4})_{2HPO4}$), de acordo com a reação apresentada na seguinte equação química 5.1 [Sho13].

$$10Ca(NO_3)_2 + 6(NH_4)_2HPO_4 + 8NH_4OH \rightarrow Ca_{10}(PO_4)_6(OH)_2 + 20NH_4NO_3 +$$

$$6H_2O \quad (5.1)$$

Antes da deposição, as amostras de titânio foram lavadas em água destilada num banho de ultra-sons. A deposição foi efectuada mergulhando as placas de titânio nas soluções de HA durante 72 h. O crescimento da HA foi avaliado através das diferenças de peso antes e depois do procedimento de revestimento. Esta avaliação é uma indicação de quão bem as células osteoblásticas se fixarão à superfície processada por CMP, para além da plausibilidade de revestir as superfícies dos implantes com HA para promover ainda mais a biocompatibilidade.

5.3 Resultados e discussão

5.3.1 Análises de viabilidade celular

Foram realizadas análises preliminares de citotoxicidade para testar a atividade celular após a aplicação de CMP, a fim de compreender se existem efeitos adversos do tratamento com CMP no material de implante de titânio. Os resultados foram comparados com a amostra não tratada com controlos negativos e positivos. A Figura 5.2 mostra os resultados do teste de citotoxicidade realizado para avaliar a percentagem de viabilidade celular nas superfícies polidas, em comparação com a linha de base e as amostras positivas e negativas conhecidas [Bas13]. Os resultados confirmaram que a viabilidade celular não foi afetada pelo processo CMP durante as 72 horas do período de teste. Além disso, espera-se que a formação de películas protectoras de óxido de titânio limite ainda mais a dissolução do titânio a longo prazo e, consequentemente, melhore a viabilidade celular, o que tem de ser estudado através de avaliações in vivo.

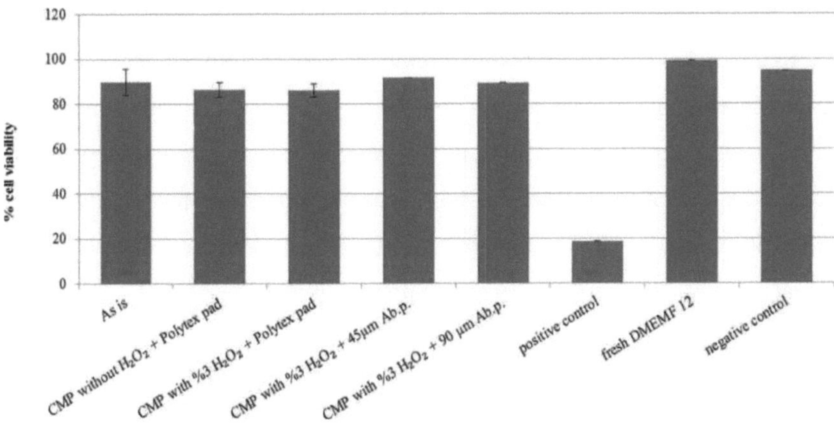

Figura 5.2 Viabilidade celular nas amostras de titânio tratadas com CMP em comparação com as amostras de base e de controlo para observação da biocompatibilidade do processo CMP e das amostras químicas aplicadas [Ozd16].

5.3.2 Análises de crescimento de bactérias

Foram também efectuadas avaliações biológicas após o tratamento CMP através da análise do crescimento de bactérias, a fim de avaliar a tendência de formação de biofilme nas superfícies dos materiais. A Figura 5.3 ilustra a espessura da zona de crescimento das bactérias quando as placas de titânio tratadas foram colocadas de cabeça para baixo dentro das placas de Petri que contêm o ágar nutriente. Os resultados dos testes foram avaliados após 1, 3 e 7 dias [Bas12]. A amostra de base, que tem uma camada de óxido de titânio porosa e espessa, mostrou um aumento na zona de crescimento de bactérias após o primeiro dia, tal como detectado pela espessura da camada (aumentou quase 0,4 mm de ~1,4 mm para ~1,8 mm). A mesma observação, com um efeito mais pronunciado, foi registada na placa de titânio em que a camada de óxido foi removida através da aplicação de CMP sem a utilização de um oxidante. A espessura da zona bacteriana aumentou até ~1,9 mm em relação ao valor do primeiro dia de 0,9 mm. Acredita-se que este facto se deva à oxidação da superfície de titânio nu no meio nutriente. Como se sabe que as bactérias crescem nas superfícies de óxido, o aumento da zona de crescimento das bactérias é potencialmente promovido quando o óxido é formado [Eli08, Var08]. Esta tendência pode também ser explicada pelo aumento da hidrofobicidade da superfície devido à formação do óxido, que promove a biocompatibilidade [Zur13]. No entanto, quando a CMP é efectuada com 3 wt% de adição de H2O2, os resultados indicam que o aumento da rugosidade da superfície promoveu a espessura da zona bacteriana, o que pode ser atribuído à melhor adesão das bactérias na superfície mais rugosa. No entanto, observou-se que todas as amostras mantiveram uma zona de crescimento bacteriano quase constante em função do tempo após a aplicação da CMP.

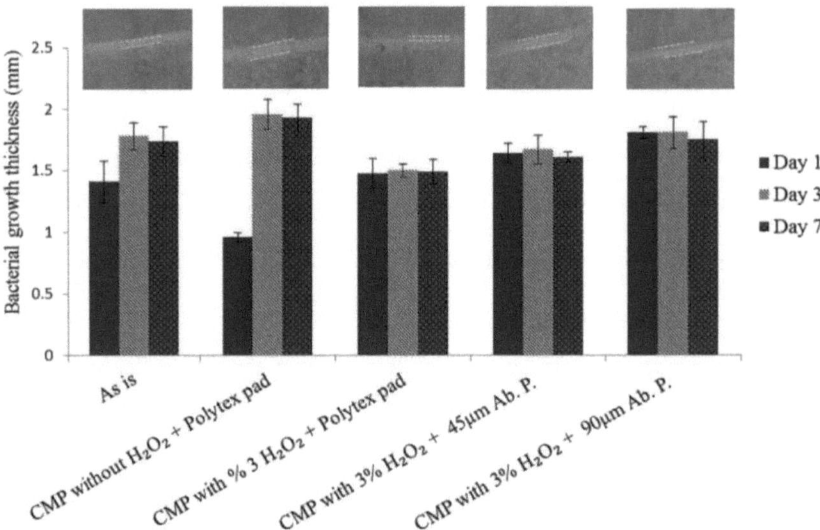

Figura 5.3 Análises de crescimento de bactérias em placas de titânio quantificadas pela espessura da zona bacteriana que circunda as placas de titânio após 1, 3 e 7 dias

[Ozd16].

Pensa-se que a consistência da resposta do crescimento bacteriano das amostras tratadas com CMP se deve à formação de uma camada protetora de óxido à escala nanométrica na superfície durante o processo CMP. Por conseguinte, é plausível que o controlo da rugosidade da superfície através da aplicação de CMP possa ser utilizado para controlar a resistência à infeção.

5.3.3   Análises de fixação de células

O comportamento de fixação das células fibroblásticas do tipo L929 também foi avaliado nas placas de titânio, a fim de observar a resposta da superfície ao tipo de célula fibroblástica, as amostras preparadas por cinco métodos diferentes de acabamento de superfície através do processo CMP. A Figura 5.4 mostra a alteração do número de células após 1, 3, 5, 7 e 15 dias de incubação nas placas de poços. O crescimento celular aumentou em todas as amostras, em coerência com os resultados da viabilidade celular. No entanto, a taxa de crescimento mostrou uma tendência para mudar consoante a rugosidade da superfície das placas de titânio. As superfícies das amostras que foram tratadas por CMP com os papéis abrasivos grosseiros e, por conseguinte, tinham uma rugosidade superficial de 400 nm e superior (polidas com papéis abrasivos de grão 45 e 90 μm) mostraram uma menor quantidade de fixação de células. Tal como se ilustra esquematicamente na Figura 5.4 nas imagens de secções transversais das amostras reais, pode sugerir-se que a razão para esta resposta é a formação de arestas vivas na topografia da superfície, o que faz com que algumas das células se desprendam quando tentam aproximar-se e fixar-se à superfície. Do mesmo modo, a amostra de base com um valor de rugosidade RMS elevado (~486 nm) também apresentou uma tendência mais baixa na fixação das células. Por outro lado, as amostras tratadas com CMP utilizando as almofadas de polimento poliméricas tinham um acabamento de superfície mais suave, como se pode ver nas imagens das secções transversais e nos valores de rugosidade RMS da superfície indicados anteriormente no Capítulo 3. Entre estas duas superfícies, a melhor fixação de células foi observada na placa de titânio que foi tratada com CMP na presença do oxidante. Esta placa tinha o acabamento superficial mais suave (rugosidade superficial RMS de ~120 nm) e formou-se uma película protetora de óxido na sua superfície, tal como demonstrado anteriormente. Por outro lado, a fixação das células foi limitada quando a CMP foi efectuada sem um oxidante e o titânio puro foi exposto na superfície da placa. Isto pode dever-se à dissolução dos iões Ti^{+4} na ausência da camada protetora de óxido na superfície que limita a fixação das células. No entanto, os desvios padrão calculados com base em três medições não mostram uma diferença estatisticamente significativa entre as amostras testadas, tal como observado por outro investigador anteriormente [Cro12]. Assim, pode afirmar-se que a implementação da CMP aumenta a tendência de fixação das células quando é aplicada na presença de oxidantes e utilizando uma almofada macia que promove a suavidade. A sensibilidade à estruturação da superfície está alinhada com os resultados anteriores da literatura, em que se observou que a estruturação à escala nanométrica aumentava a fixação das células [Ken13, Obe13]. Além disso, a resposta celular após o quinto dia mostrou que as células tendem a morrer devido à falta de nutrientes. Consequentemente, foi observado um número decrescente de ligações celulares, como se pode ver na Figura 5.4.

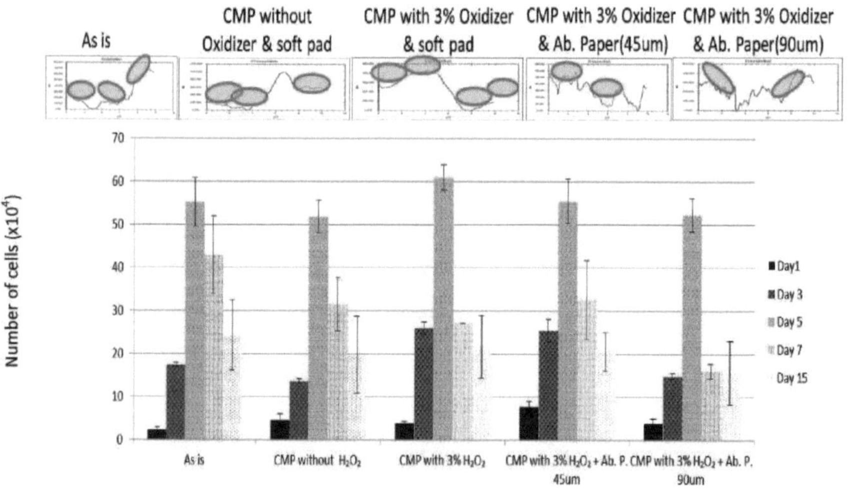

Figura 5.4 Resultados do ensaio de fixação de células de fibroblastos L929 de acordo

com a modificação da superfície com CMP num período de ensaio de 15 dias para observação da distribuição da proliferação de células [Ozd16].

5.3.4 Análises de fixação de hidroxiapatite

A hidroxiapatite (HA) é amplamente utilizada como material de revestimento para implantes dentários devido à sua composição química semelhante à do mineral ósseo natural e à sua capacidade de promover a regeneração óssea [Lum01, Li12, Xu15, Nay10]. Nesta parte do estudo, avaliámos a fixação de HA nas amostras tratadas com CMP e, mais uma vez, comparámos o desempenho da fixação com a amostra de base. A Figura 5.5 a e b ilustra a fixação da HA e a alteração dos valores da rugosidade superficial RMS em função do revestimento de HA, respetivamente. Pode observar-se que a fixação de HA aumentou com o aumento da rugosidade da superfície. A superfície mais lisa obtida pela CMP na presença do oxidante e da almofada de politex resultou na quantidade mínima de fixação de HA, que foi de 1,4 mg/72 h. Em contraste, a superfície com a rugosidade mais elevada (polida com papel quadriculado de 90 µm) resultou em 2,1 mg de fixação/72 h. Além disso, os valores de rugosidade da superfície pós-revestimento de HA foram mais elevados quando a rugosidade da superfície original era mais elevada. As micrografias AFM apresentadas na Figura 5.5b também mostram claramente a alteração da morfologia da superfície com o revestimento de HA. É interessante notar que, embora a rugosidade da superfície do revestimento pré-HA da amostra de base fosse semelhante aos valores de rugosidade obtidos quando os papéis abrasivos foram utilizados para aplicações CMP (lixas de 45 e 90 µm), a fixação de HA não foi necessariamente semelhante nestas amostras. A Figura 5.6 demonstra a diferença muito melhor quando as micrografias AFM de secção transversal de todas as amostras são comparadas antes e depois da deposição de HA. Obviamente, a rugosidade da superfície induzida pela CMP ajudou a promover a fixação da HA com uma camada mais espessa depositada na superfície. Esta observação também apoia a biocompatibilidade melhorada das superfícies quando a CMP é aplicada, uma vez que se sabe que a fixação de HA promove a atividade das células semelhantes a osteoblastos, sendo que o aumento da rugosidade na superfície revestida com HA aumenta a fixação das células osteoblásticas em estudos anteriores [Li12, Xu15].

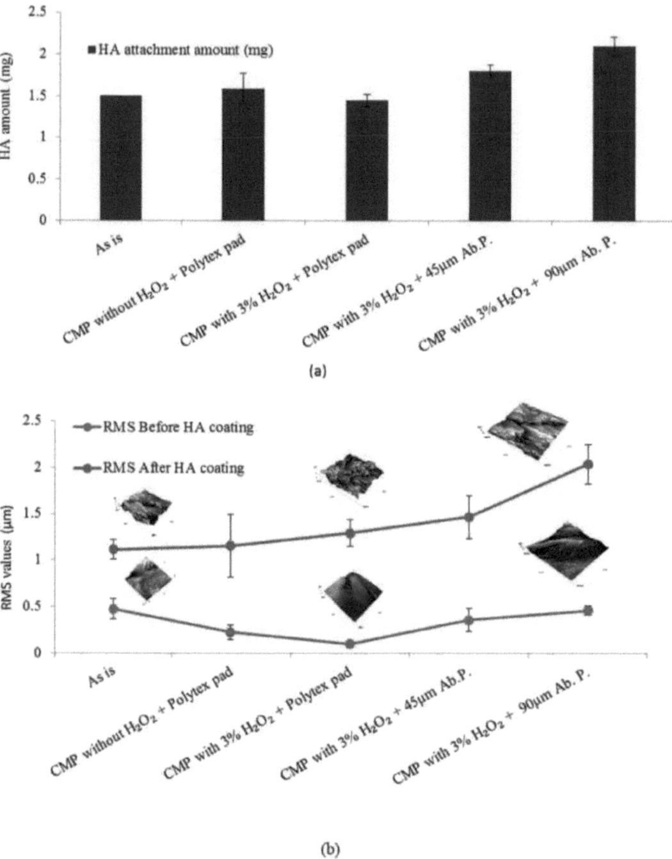

Figura 5.5 Avaliação da fixação de HA nas amostras de titânio (a) quantidade de fixação de HA em função do tratamento de superfície e (b) valores de rugosidade RMS medidos antes e depois do revestimento de HA [Ozd16].

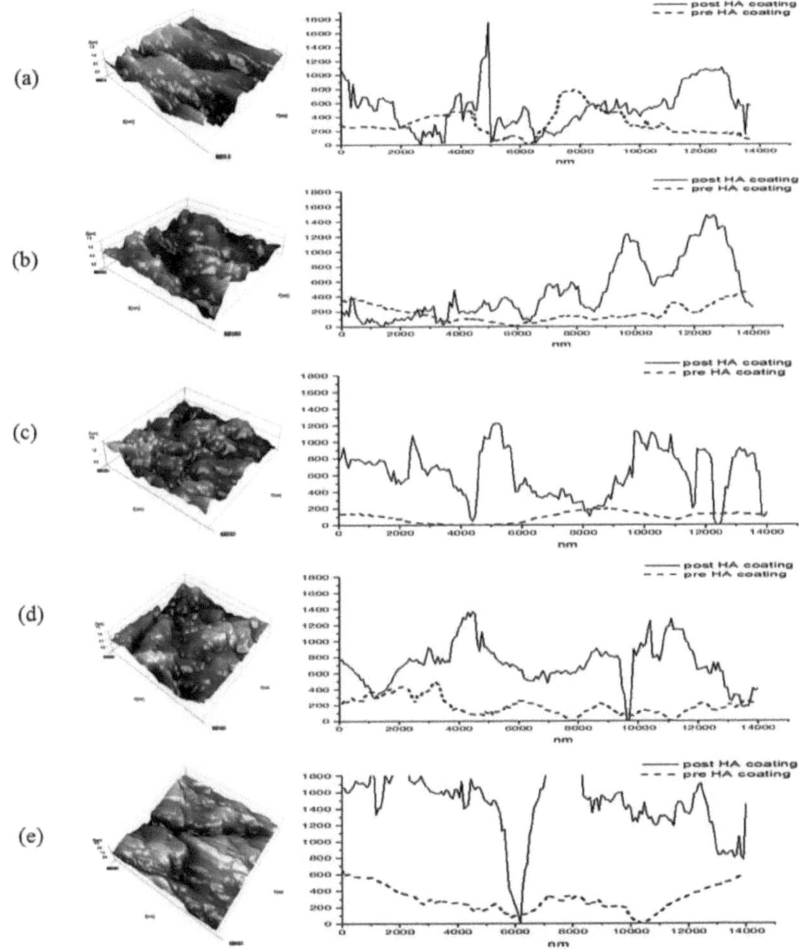

Figura 5.6 Micrografias AFM pós-revestimento de HA e análises pré e pós-secção transversal das placas de titânio (a) como amostra de base recebida (b) pós CMP sem oxidante (c) pós CMP com oxidante 3% H2O2 (d) pós CMP com oxidante 3% H2O2 com papel abrasivo de grão 45 µm e (e) pós CMP com oxidante 3% H2O2 com papel abrasivo de grão 90 µm [Ozd16].

5.4 Resumo

A interação dos tecidos duros e moles com o material do implante é a principal questão para a engenharia de superfície dos implantes. Após os tratamentos CMP, as superfícies das amostras de titânio foram caracterizadas através de avaliações da viabilidade, adesão e proliferação celular. Os resultados de citotoxicidade das amostras tratadas também foram apresentados como evidência da inércia da metodologia sugerida sobre a saúde celular. Além disso, as análises de crescimento celular para células de fibroblastos foram correlacionadas com a morfologia da superfície das amostras tratadas. Observou-se que o crescimento celular é mais afetado pela rugosidade da superfície, ao passo que os testes de fixação das células demonstraram que existe um valor de rugosidade ótimo em que as células aderem melhor às superfícies dos implantes quando as suas dimensões correspondem melhor à rugosidade da superfície.

Para além disso, os resultados da fixação de HA também confirmaram que as superfícies tratadas com CMP tendem a ajudar mais a deposição de HA do que uma superfície oxidada, apesar de os valores de rugosidade da superfície serem comparáveis. A caraterização do revestimento também foi efectuada para estudar a composição da superfície após a implementação do revestimento de HA. Estes resultados indicaram que as superfícies tratadas podem contribuir para uma melhor biocompatibilidade para a regeneração óssea devido a melhores bioactividades e, além disso, as camadas de óxido de superfície formadas e os revestimentos de HA podem ajudar a garantir o isolamento contra a libertação de iões dos implantes de titânio.

CAPÍTULO VI

RESUMO E SUGESTÕES PARA TRABALHOS FUTUROS

6.1 Resumo

A utilização do titânio e das ligas de titânio como biomateriais para a substituição de tecidos duros, nomeadamente em aplicações dentárias e ortopédicas, tem suscitado recentemente um maior interesse. A biocompatibilidade e estabilidade superiores do titânio promovem interacções entre os tecidos do implante e o ambiente agressivo do corpo. A natureza do titânio leva-o a formar uma camada de óxido no meio aéreo, o que é conhecido por contribuir para a biocompatibilidade do implante de titânio e promover a interação do tecido ósseo in vivo. No entanto, estas excelentes propriedades do titânio ainda não são suficientes para garantir um processo de cicatrização ótimo a longo prazo. Por conseguinte, as propriedades mecânicas, estruturais e de superfície do titânio continuam a ser investigadas para encontrar um melhor processo de implantação. Está documentado que o método de fabrico do implante tem um papel importante na qualidade da superfície do produto final. O processo adaptado influencia diretamente as propriedades de rugosidade e morfologia da superfície, que são parâmetros importantes para a capacidade de atração celular dos implantes. Por conseguinte, é extremamente importante melhorar os métodos disponíveis para obter uma superfície desejada no material implantável. Atualmente, são utilizados muitos processos para alterar a superfície do material do implante, tais como o jato de areia, o ataque ácido, a combinação dos processos de jato e de ataque ácido, a estruturação a laser e as aplicações de revestimento. No entanto, nenhum deles é ideal para garantir o melhor acabamento da superfície para a estruturação de implantes devido à falta de controlo preciso da contaminação da superfície, do grau e do controlo da rugosidade da superfície e da formação de um óxido de superfície aderente.

Neste estudo, apresentamos uma nova abordagem para alterar a superfície do material de implante através da implementação do processo de polimento químico-mecânico (CMP). O processo CMP foi inicialmente introduzido para o polimento de vidro e alargado à planarização dos conectores metálicos entre camadas no fabrico de microeletrónica. O processo CMP envolve componentes químicos e mecânicos para alterar a superfície do material, tanto química como topograficamente. No CMP, a superfície da película superior do material é exposta aos produtos químicos da pasta de polimento, que é composta por partículas de tamanho submicrónico e produtos químicos. Esta interação forma uma película superior quimicamente alterada que é removida pela ação mecânica das partículas abrasivas da pasta. Por conseguinte, trata-se de um método diferente em comparação com as técnicas de polimento mecânico utilizadas para o acabamento da superfície dos implantes. A película superior quimicamente alterada tem de ser um óxido protetor. Isto é fundamental para os implantes, pois impede a corrosão química e previne a dissolução do ião Ti^{+4} in vivo. Além disso, foi demonstrado num estudo anterior que a aplicação de CMP em películas de Ti foi muito bem sucedida em termos de criação de uma película de óxido de titânio na superfície. Além disso, sabe-se que os óxidos ajudam a promover a biocompatibilidade. Além disso, a CMP pode remover camadas superficiais contaminadas de processos de maquinagem utilizados para moldar o implante.

Neste estudo, aplicámos diferentes condições de CMP nos implantes à base de titânio para induzir rugosidade à escala nano ou micro na interface implante/superfície de forma controlada. Em particular, centrámo-nos nos implantes dentários, para além de outros materiais de substituição óssea. No caso dos implantes dentários, a superfície do material deve ser compatível com os tecidos de osteoblastos e fibroblastos. Estas duas células de tecidos diferentes têm uma seletividade distinta na composição e rugosidade da superfície dos biomateriais.

A implementação do processo CMP em bioimplantes de titânio resultou numa sinergia ao (i) limpar a superfície do implante de camadas superficiais potencialmente contaminadas através da remoção de uma camada superior à escala nanométrica durante o processo, (ii) criar simultaneamente uma película de óxido à escala nanométrica contínua e sem poros na superfície para limitar qualquer contaminação adicional, minimizar o risco de infeção e evitar a corrosão e (iii) induzir uma suavidade/rugosidade controlada da superfície através da conceção das variáveis do processo CMP, tais como o tamanho das partículas da pasta, a carga de sólidos, bem como o tipo e a concentração do oxidante. Para demonstrar a utilização de CMP em implantes dentários, foram processadas placas de titânio e implantes dentários neste estudo. O processo CMP foi efectuado utilizando abrasivos de pasta à base de alumina (Al_2O_3) com oxidante (H_2O_2) em amostras de Ti comercialmente puro (cp) com diferentes almofadas de polimento para modificar a topografia da superfície. Inicialmente, a afetividade do processo de CMP foi avaliada nas amostras através do mecanismo de remoção de material, da análise da rugosidade da superfície e da molhabilidade para a seleção da combinação ideal de lama e oxidante para obter as propriedades desejadas.

A aplicação de CMP resultou na formação de uma película de óxido sobre o titânio. Esta película e as suas qualidades de superfície foram avaliadas com base na sua cristalinidade, composição e respostas de energia de superfície. As análises XRR, EDX e XPS mostraram que a camada de óxido formada é TiO2 e que a sua estrutura cristalina é diferente da camada de óxido superficial que se forma no ar.

Em termos de resposta biológica, as avaliações in vitro foram realizadas através de testes de citotoxicidade, para além das análises de fixação bacteriana e celular, bem como das medições da adesão da hidroxiapatite por deposição húmida. Os resultados de citotoxicidade das amostras tratadas com CMP foram uma evidência da inércia da nova metodologia sugerida in vivo. Além disso, as análises de crescimento celular efectuadas para a exposição de fibroblastos confirmaram a contribuição da morfologia da superfície para o desempenho da fixação (cicatrização) das células. Observou-se que o crescimento celular nos implantes é mais influenciado pela rugosidade da superfície. No entanto, os resultados da fixação das células demonstraram que existe um valor de rugosidade ótimo em que as células aderem melhor às superfícies dos implantes. Isto acontece quando o tamanho das células corresponde melhor aos contornos da superfície. Para além disso, os resultados da fixação de HA também confirmaram que as superfícies tratadas com CMP tendem a ajudar mais a deposição de HA do que uma superfície gravada, apesar de os valores de rugosidade da superfície serem comparáveis. Estes resultados mostram claramente que as superfícies tratadas com CMP conduzem a uma elevada biocompatibilidade para a regeneração óssea devido a melhores bioactividades impulsionadas pela camada de óxido de superfície formada. Além disso, o revestimento de HA assegura o isolamento contra a libertação de iões dos implantes de titânio.

Finalmente, os testes preliminares de CMP realizados nas superfícies dos implantes dentários 3-D também resultaram em respostas CMP semelhantes às dos substratos 2-D, confirmando que a aplicação de CMP pode ajudar a melhorar as propriedades da superfície dos implantes à base de titânio.

6.2 Sugestões para trabalhos futuros

Os resultados relatados neste estudo podem ser expandidos para investigar várias outras questões, que são críticas para melhorar o desempenho da implantação dos bioimplantes à base de titânio. Embora os resultados deste estudo sejam impecáveis e úteis para compreender os fundamentos e ajudar no desenvolvimento do processo de CMP em implantes biomédicos, surgiram várias questões novas que exigem algumas direcções adicionais a recomendar para continuar este estudo em investigações futuras.

Em primeiro lugar, o processo CMP, tal como está configurado atualmente, é adequado para o tratamento de placas 2D. Embora as avaliações preliminares tenham sido realizadas aqui com as placas de titânio, a fim de avaliar o desempenho e a afetividade do processo CMP, é necessário expandir o processo CMP para uma plataforma 3-D para o processamento de implantes 3D. Assim, um dos principais desafios que se colocam à adaptabilidade do processo CMP na implantação biológica é a sua extensão aos objectos 3D. As avaliações preliminares foram efectuadas nos implantes dentários com uma escova polimérica automática, a fim de avaliar a coerência com os resultados dos testes 2D. Esta solução assegura um contacto suficiente entre a almofada (escova) e o titânio para um tratamento homogéneo da superfície. No entanto, esta técnica não é adequada para o controlo da força aplicada sobre uma determinada área ou, por outras palavras, da pressão. Por conseguinte, o sistema necessita de um novo design para o processo CMP 3D adequado para materiais de implantes 3D. Como sugestão, foi concebido um sistema preliminar com um braço robótico que pode segurar o parafuso do implante em direção ao material da almofada CMP. Um sensor de força e binário adicional é adaptado entre o braço robótico e o suporte da amostra para garantir a carga controlada sobre a área de superfície. Podem ser utilizados vários materiais de almofada para permitir os melhores resultados de polimento na superfície da amostra. É claro que esta conceção deve ser avaliada com base nas características abrasivas da lama, no tipo de material do calço, na carga de sólidos da lama e nas perspectivas de concentração do oxidante. Uma vez configurada, esta conceção pode ser adaptada a diferentes estruturas de implantes, para além dos implantes dentários. Esta proposta pode levar a uma nova aplicação industrial com novos consumíveis, que são necessários para serem adaptados de acordo com o tipo especial de implante.

A outra sugestão para as superfícies tratadas com CMP pode ser a adição de revestimentos bioactivos após a aplicação do CMP para um processo de cicatrização rápido. Isto pode ser feito através da utilização de materiais bioactivos que podem estimular o crescimento celular e promover a interação na interface tecido/material. Além disso, a interface do revestimento induzido pode ajudar a aumentar o desempenho da adesão e proliferação celular na superfície do implante.

Uma sugestão final para trabalhos futuros é a avaliação das amostras tratadas através do desempenho da biocompatibilidade em condições de teste in vivo para observar o desempenho da cicatrização em tempo real. As respostas celulares das amostras tratadas foram examinadas in vitro nesta dissertação, mas sabe-se que as células têm uma reação de cicatrização complicada e sensível quando em contacto com os biomateriais, o que precisa de ser mais investigado. Para se obter um acabamento de superfície de implante bem definido, devem ser efectuados testes de biocompatibilidade em animais. Por conseguinte, sugerem-se estudos in vivo após a CMP 3D como parte do trabalho futuro, a fim de compreender a adaptabilidade completa da CMP como um método novo e inovador para a engenharia da superfície de materiais de implantes à base de titânio.

LISTA DE REFERÊNCIAS

Ade81 R. Adell, U. Lekholm, B. Rockler, P.I. Brânemark, International Journal of Oral Surgery, 10, 387-416 (1981).

Ahn03 Ahna,Y.B.Parkb,D.W.Parka, Surf.Coat.Technol.171(1) 198-20, (2003).

Alb81 T. Albrektsson, P.I. Branemark, H.A. Hansson, H.A., J. Lindstrom, J. Ata orthopaedica Scandinavica, 52, 155-170 (1981).

Ali05 T. Aliouane, D. Bouzid, Belkhir, S. Bouzid, V. Herold, J. phys, 124,123,128 (2005).

Ani11 S.Anil, P.S. Anand, H. Alghamdi e J.A. Jansen, Implant Dentistry - A Rapidly Evolving Practice", ISBN 978-953-307-658-4 (2011).

Ans00 K. Anselme, et al., Biomaterials, 21, 15, 1567-77 (2000).

Arc01 I. Arca, D. Drees, J.P. Celis, Wear, 249, 452-460 (2001).

Att94 AT&T Bell Laboratory, Solid State Technol. 37, 12, 26 (1994).

Ball1 A. M. Ballo, O. Omar, W. Xia, A. Palmquist, Implant Dentistry - A Rapidly Evolving Practice, ISBN: 978-953-307-658-4 (2011).

Bas11 G.B. Basim, Lambert Academic Publishing, ISBN 978-3-8433-6346-4 (2011).

Bas12G .B. Basim, Z. Ozdemir, A. Karagoz, MRSProceedings , 1464,

http://dx.doi.org/10.1557/opl.2012.1469. (2012).

Bas13G .B. Basim, A. Karagoz, Z. Ozdemir, MRSProceedings , 1560,

http://dx.doi.org/10.1557/opl.2013.876, (2013).

Bas14 G.B. Basim, O. Bebek, S.O. Orhan, Z. Ozdemir, Mater. Pedido de Patente PCT, PCT/TR2014/000530 (2014).

Bau13 S. Bauer, P. Schmuki, K. von der Mark, J. Park, Proggree in Material Science, 58, 261-326 (2013).

Bha03 S.S. Bhasin, V. Singh, T. Ahmed, B.P. Singh, Ceram Eng Sci Proc, 24, 245254 (2003).

Bic02 J. Bico, U. Thiele, D. Quere, Colloids Surf. A Physicochem. Eng. Asp. 206, 41-46 (2002).

Bla92 J. Black, Biological Performance of Materials: Fundamentals of Biocompatibility Marcel Dekker, New York, (1992).

Bor08 M.M. Bornstein, P. Valderrama, A.A Jones, T.G Wilson, R. Seibl, D.L. Cochran, D.L. Clinical oral implants research, 19, 233-241 (2008) .

Bou12 D. Bouzid, N. Belkhie, T. Aliouane, IOP Conf. Series: Ciência e Engenharia de Materiais 28 (2012).

Bra00 A. E. Braun, Semiconductor International, 23 (10), 55 (2000).

Bra09 I. Braceras, M.A De Maeztu, J.I. Alava, C. Gay-Escoda, Int J Oral Maxillofac Surg, 38, 3, 274-278 (2009).

Bra69 P.-I. Brânemark, U. Breine, R. Adell, B.O. Hansson, J. Lindstrom, Â. Ohlsson, Scandinavian Journal of Plastic and Reconstructive Surgery and Hand Surgery, 3, 81-100 (1969).

Bud04 D.R. Buddy, S.H. Allan, J.S. Frederick, E.L. Jack, Biomaterials science: an introduction to materials in medicine, second ed. Elsevier (2004).

Bus98 D. Buser, T. Nydegger, et al, Int J Oral Maxillofac Implants, 13, 611-619 (1998).

Cac01 P. Cacciafesta, K.R. Hallam, et al., Surface Science, 491, 405-420 (2001).

Caw03 J.Cawley, et. al, Wear 255, 7, 996-1006 (2003).

Cha03 V.S. Chathapuram, T. Du, K.B. Sundaram, V. Desai, Microelectron. Eng. 65, 478-488 (2003).

Cho03 S.A. Cho, K.T. Park, Biomaterials, 24, 3611-3617 (2003).

Cho11 Y.J. Cho, S.J. Heo, J.Y. Koak, S.K. Kim, S.J. Lee, J.H. Lee, Int. J. Oral Maxillofac. Implants 26,1225-1232 (2011).

Coc98 D.L. Cochran, R.K. Schenk, A. Lussi, et al., J Biomed Mater Res, 40,1-11 (1998).

Coe09 P.G. Coelho, G. Cardaropoli, M. Suzuki, JE Lemons, Clin Implant Dent Rel Res., 11, 4, 292-302 (2009).

Con99 P.A. Connor, K.D. Dobson, A.J. McQuillan, Lnagmuir 15, 2402-2408 (1999).

Cox92 P.A Cox, Transition Metal Oxides, Oxford University Press, Oxford, ISBN 0-19-855925-9 (1992).

Cro12 K. Li, K. Crosby, M. Sawicki, L.L. Shaw, Y. Wang,J. Biotechnol. Biomaterials 2 (2012).

Dad07 M.Dadfar, et. al, Mater Lett., 61, 11, 2343-2346 (2007).

Dav03 Davis JR. ASM International. Handbook of materials for medical devices (Manual de materiais para dispositivos médicos). Materials Park, OH: ASM International, (2003).

Dep05 H. Deppe, Warmuths,A. Heinrich, T. Kroner, Lasers Med Sci 19, 229-33 (2005).

Dob83 Dobbs HS, Robertson JLM. J Mater Sci 18, 391-401 (1983).

Dud12 D. Duddeck, S. Iranpour, M.A. Derman, J. Neugebauer, J. E. Zoller, EDI Clinical Science 48-58 (2012).

Eli08 C.N. Elias, J.H.C. Lima, R. Valiev, M.A. Meyers, JOM Biol. Mater. Sci. 60, 46-49 (2008).

Eli10 C.N. Elias, L. Meirelles, Expert review of medical devices, 7, 241-256 (2010).

Esp10 F.A.Espana, et. al, Mater. Sci. E.C, 30, 1, 50-57 (2010).

Fio15 J. Fiorellini, K. Wada, P.Stathopoulou, P. R. Klokkevold, Periimplant Anatomy, Biology, and Function, Capítulo 71 (2015).

Gag00 A. Gaggl, G. Shultes, W.D. Muller, H. Karcher, Biomaterials 21,1067-73 (2000).

Gal05 C. Galli, S. Guizzardi, G. Passeri, D. Martini, A. Tinti, G. Mauro, G.M. Macaluso, Journal of periodontology, 76, 364-372 (2005).

Gar12 H. Garg, G. Bedi, A.Garg, Journal of Clinical and Diagnostic Research. 6, 2, 319-324 (2012).

Gav14 L.Gaviria, J.P. Salcido, T. Guda, J.L. Ong, J. Korean Assoc. Oral Maxillofac Surg., 40, 50-60 (2014)

Gbi13 Investigação da Global Business Intelligence (GBI), Dental Implany Market to 2018 (2013).

Gee09 M. Geetha, A.K. Singh, R. Asokamani, A.K. Gogia, Progress in Materials Science, 54, 397-425 (2009).

Gem07 E. Gemelli, N.H.A. Camargo, Matèria (Rio J.) 12, 525-531 (2007).

Ger05 J. Geringer, B. Forest, P. Combrade, Wear, 259, 943-951 (2005).

Gli16 Glidcop, North American Hoganas, Inc. (2016).

Got97 M. Gottlander, C.B. Johansson, T. Albrektsson, Clin. Oral Imp. Res 8, 345355 (1997)

Gul04 H. Guleryuz, H. Cimenoglu, Biomaterials 25, 3325-3333 (2004).

Gup08 A.Gupta, M. Dhanraj, G. Sivagami, a revista Internet de Ciências Dentárias, 7, 1 (2008).

Gup10 A.Gupta, M. Dhanraj, G. Sivagami, Indian J. Dent. Res., 21, 433-438 (2010).

Gur08 B.C. Gurgel, P.F. Goncalves, S.P. Pimentel, F.H. Nociti, E.A. Sallum, A.W. Sallum, M.Z.Casati, Journal of periodontology, 79, 1225-1231 (2008).

Hah70 H. Hahn, W. Palich, J Biomed Mater Res 45, 71-77 (1970).

Hal03 C. Hallgren, H. Reimers, D. Chakarov, J. Gold, A.Wennerberg, Biomaterials, 24, 5, 701-710 (2003).

Has04 A.W. Hassel, Minimally Invasive Therapy & Allied Technologies, 13:4, 240-247 (2004).

He09 F.M.He, G. L. Yang,Y.N. Li, X. X. Wang, S. F. Zhao, International Journal of Oral & Maxillofacial Surgery, 38, 6, 677-681 (2009).

Hem12 G. Hemlata, B. Gaurav, G. Arvind, Journal of Clinical and Diagnostic Research 6, 2, 319-324 (2012).

Hep82 C. Hepburn, Polyurethane elastomers, Londres: Applied Science (1982).

Her08 Y. Herr, J. Woo, Y. Kwon, J. Park, S. Heo, S. J. Chung, Key Engineering Materials, 361, 849-852 (2008).

Her11 H. Hermawan, D. Ramdan, J.R.P. Djuansjah, Metals for Biomedical Applications, em: R. Fazel-Rezai (Ed.) Biomedical Engineering - From Theory to Applications, InTech, (2011).

Hoe94 D.W. Hoeppner, V. Chandrasekaran, Wear, 173, 189-197 (1994).

Hsu10 S.-H. Hsu, W.M. Sigmund, Langmuir 26, 3, 1504-1506 (2010).

Ila05 S. Ilango, G. Raghavan, M. Kamruddin, S. Bera, A.K. Tyagi, Appl. Phys. Lett. 87, 101911 http://dx.doi.org/10.1063Z1.2042537 (2005).

Jai94 R. Jairath, M. Desai, M. Stell, R. Tolles e D. Scherber-Brewer, em Advanced Metallization for Devices and Circuits-Science, Technology and Manufacturability, Pittsburgh, PA (1994).

Jan93 J.A.Jansen, J.G.C. Wolke, S. Swann, J.P.C.M. van der Waarden, K. Groot, Clinical Oral Implants Research, 4, 28-34 (1993).

Jas93 W. Jasen, et al, Clin. Oral Imp. Res., 4, 28-34 (1993).

Jen05 H. Jensena,A.Solovieva,Z.Lib,E.G.S0gaard, Appl.Surf.Sci.246, 15,239-249, (2005).

Jùn11 J.R.S.M. Jûniora, R.A. Nogueiraa, R.O. Araùjoa, Mater. Res. 14, 107-112 (2011).

Kal07 S. Kalyan, B.M Moudgil, Tecnologia de partículas em CMP, Kona 25 (2007).

Kar15 A. Karagoz, V.Craciun, G. B.Basim, ECS Journal of Solid State Science and Technology, 4, 2, 1-8 (2015).

Kau91 F.B. Kaufman, D.B. Thomson, R.E. Broadie, M.A. Jaso,W.L. Guthrie,M.B. Pearson,M.B. Small, J. Electrochem. Soc. 138, 3460 (1991).

Ken13 H. Kenar, E. Akman, E. Kacar, A. Demir, H. Park, H. Abdul-Khalid, C. Aktas, E. Karaoz, Colloids Surf. B: Biointerfaces 108, 305-312 (2013).

Kim08 H. Kim, S.-H. Choi, J.-J. Ryu, S.-Y. Koh, J.-H. Park, I-S.Lee, Biomed. Mater. 3 1748-6041/3/2/025011, (2008).

Koh03 M. Kohn, Y.S. Eizenberg, Diamond J. Appl. Phys. 94, 3015 (2003).

Kok90 T. Kokubo, H. Kushitani, S. Sakka, T. Kitsugi e T. Yamamuro, J. Biomed. Mater. Res., 24, 721-734 (1990).

Kum05 S.S. Kumar, B.Stucker, Actas do 16.º Simpósio de Fabrico de Sólidos de Forma Livre[th] , (2005).

Kur05 A. Kurella, N.B. Dahotre, J. Biomater. Appl. 20, 4-50 (2005).

Kur14 N. Kurgan, Mater Des, 55, 235-241 (2014).

Lac98 W.R. Lacefield, Implant Dent, 7, 4, 315-22 (1998).

Lam09 A. Lambotte, Presse Med Belge, 17 321-323 (1909).

Lan95 W.A. Lane, The British Medical Journal, 1, 861-863 (1895).

Lee12 M.-J. Lee, B.-O. Kim, S-J.Yu, J. Periodontal. Implant. Sci. 42, 127-135 (2012).

LeG07 L. Le Guehennec, A. Soueidan, P. Layrolle, Y. Amouriq, Dental matrials: official publication of the academy of ental Materials, 23,844-854 (2007).

Li02 D. Li, S.J. Ferguson, T. Beutler, D.L Cochrsn, C. Sitting, H.P. Hirt, D. Buser, Journal of Biomedical and Material Research, 60, 325-332 (2002).

Li04L   .H. Li, Y.M. Kong, H.W. Kim, et al., Biomaterials 25, 2867-75 (2004).

Li12K   . Li, K. Crosby, M. Sawicki, L.L. Shaw, Y. Wang, J. Biotechnol. Biomaterials, 2 (2012).

Li94 P. Li, I. Kangasniemi, K. De Groot, Journal of the Ceramic Society, 77, 5, 1307-

1312 (1994).

Li99 D.-H. Li, B.-L. Liu, J.-C. Zou, K.-W. Xu, Implant. Dent. 8, 289-294 (1999).

Lin98 J. Lincks, B.D. Boyan,et al., Biomaterials 19, 2219-2232 (1998).

Lon98 M. Long, H.J. Rack, Biomaterials, 19, 1621-1639 (1998).

Lua02 H. Lua, B. Fookesa, Y. Obeng, S. Machinskia, K.A. R,chardsona, Materials Characterization, 49,35 (2002).

Lum01 N. Lumbikanonda, R. Sammons, Int. J. Oral Maxillofac. Implants 16, 627636 (2001).

Ma12 T. Ma, P. Wan, Y. Cui, G. Zhang, J. Li, J. Liu, Y. Ren, K. Yang, L. Lu, Journal of Materials Science & Technology, 28, 647-653 (2012).

Man10 G. Manivasagam, D. Dhinasekaran, A. Rajamanickam, Patentes Recentes em Ciência da Corrosão, 2, 40-54 (2010).

Man17 N.S. Manam, W.S.W. Harun, D.NA. Shri, S.A.C. Ghani, T. Kurniawan, M.. Ismail, M.H.I. Ibrahim, Journal of Alloy and Compounds, 701, 698-715 (2017).

Mas02 C. Massaro, et al , J.Mater Sci Mater Med, 13, 6, 535-48 (2002).

Mat11 M.T. Mathew, M.J. Runa, M. Laurent, J.J. Jacobs, L.A. Rocha, M.A. Wimmer, Wear, 271, 1210-1219 (2011).

Mdo04 D. MacDonald, B. Rapuano, N. Deo, M. Stranick, P. Somasundaran, A. Boskey, Biomaterials, 25, 3135-3146 (2004) .

Mir07 N. Mirhosseini, P.L. Crouse, M.J.J. Schmidth, D. Garrod, Appl. Surf. Sci. 253, 7738-7743 (2007).

Mis13 S. Mischler, A.I. Munoz, Wear, 297, 1081-1094 (2013).

Mob09 I. Mobasherpour, M.S. Hashjin, S.S.T. Razavi, R.D. Kamachali, J. Ceram. Int. 351569-1574 (2009).

Mom12 A. Mombelli, N. Muller, N. Cionca, Clin Oral Implants Res, 23 ,6, 67-76 (2012).

Nat10 A.J. Nathananel, D. Mangalaraj, N. Ponpandian, Compos. Sci. Technol. 70, 1645-1651 (2010).

Nay10 A.K. Nayak, Int. J. ChemTech Res. 2, 903-907 (2010).

Ngu01 V. H. Nguyen, A.J. Hof, H. van Kranenburg, P. H. Woerlee e F. Weimar, Microelectronic Engineering, 55, 305 (2001).

Noo87 R.Van Noort, Journal of Material Science, 22,3801-3811 (1987).

Obe13 M. Oberringer, E. Akman, et al., Mater. Sci. Eng. C 33, 901-908 (2013).

Oka09 S. Okawa, K. Watanabe, Dent. Mater. J. 28, 68-74 (2009).

Ori00 G. Orsini, B. Assenza, A. Scarano, M. Piattelli, M., A. Piattelli, The International journal of oral & maxillofacial implants, 15, 779-784 (2000).

Ors00 G. Orsini, B. Assenza, A. Scarano,M. Piatteli, A. Piatteli, Int J Oral Maxillofac Implants 15, 6, 779-784 (2000).

Ozd16 Z. Ozdemir, A. Ozdemir, G.B. Basim, Materials Science and Engineering C 68, 383-396 (2016).

Ozd17 Z. Ozdemir, G.B. Basim, Data in Brief, 10, P 20-25 (2017).

Pan82 P.J. Pan, C.H. Ting, IEEE Trans. Ind. Electron. IE-29,154 (1982).

Pan96 J. Pan, D. Thierry, C. Leygraf, Electrochimica Ata, 41, 1143-1153, (1996).

Paq06 D.W. Paquette, N. Brodal, R.C. Williams, Dent. Clin. North Am. 50, 361374 (2006).

Par12 P. Parida, A. Behera, S. Mishra, International Journal of Advances in Applied Science, 1, 31-35 (2012).

Pat16 Pranav S Patil, M. L. Bhongade, IOSR Journal of Dental and Medical Sciences (IOSR-JDMS), 15, 10, 132-141, (2016).

Poh02 Pohl M. Heβing C., Fenzel J. Mater Corros 53, 673, (2002).

Pon03 L. Ponsonnet, K. Reybeir, et al., Materials Science and Engineering C, 23, 551-560 (2003)

Por04 A.E. Porter, S.M. Rea, M. Galtrey, S.M. Best, Z.H., J Mater Sci 39, 18951898 (2004).

Rat04 B.D. Ratner, A.S. Hoffman, F.J. Schoen, J.E. Lemons JE. Biomaterials science. Amsterdam: Elsevier; (2004).

Rec01 L. Reclaru, et. al, Biomaterials, 22, 3, 269-279 (2001).

Reo02 S. Roessler, R. Zimmermann, D. Scharnweber, C. Werner, H. Worch, Colloids and Surfaces B: Biointerface 26, 387-395 (2002).

Rol11 A. Rolando, T. McLachlan, et al., Biomaterials, 32, 3395-3403 (2011).

Ros91 E.S. Rosenberg, J.P. Torosian, J. Slots, Clin. Oral Implants Res, 2, 135-144, (1991).

Run96 S. R. Runnels, J. Electron. Mater., 25, 1574 (1996).

Sam05 R.L. Sammons, N. Lumbikanonda, M. Gross, P. Cantzler, Clinical oral implants research, 16, 657-666 (2005).

SaM99 E. SaMcCafferty, J.P. Wightman, Um estudo do perfil de pulverização por espetroscopia de fotoelectrões de raios X da película de óxido nativa formada pelo ar em titânio, Appl. Surf. Sci. 143 (1999) 92-100.

San05 A. S. Santiago, E. A. dos Santos, M. S. Sader, M. F. Santiago, e G. de Almeida Soares, Brazilian Oral Research, 19,3, 203-208, (2005).

Sch03 L. Scheideler, F. Rupp, W. Lindemann, D. Axmann, G. Gomez-Roman, J. Geis-Gerstorfer, H. Weber, J Dent Res, 82, B241-B241 (2003).

Sch08 P. Schmutz, N.-C. Quach-Vu, I. Gerber, Electrochem. Soc. Interface 1, 3540 (2008).

Sho13 M. dat-Shojai, M.-T. Khorasani, E. Dinpanah-Khoshdargi, A. Jamshidi, Ata Biomater. 9, 7591-7621 (2013).

Sin12 R.G. Singh, J. Dent. Implant, 2, 15-18 (2012).

Sit99 C. Sitting, M. Textor, N.D. Spencer, J.Mater. Sci. Mater. Med. 10, 35-46 (1999).

Ste97 J.M. Steigerwald, S.P. Murarka e R.J. Gutmann, Chemical Mechanical Planarization of Microelectronic Materials, John Wiley and Sons, Nova Iorque, NY (1997).

Sul02 Y.T. Sul, C.B. Johansson, S. Petronis, et al. Biomaterials 23, 491-501 (2002).

Sul03 Y-T. Sul, Biomaterials, 24, 22, 3893-3907 (2003).

Sul05 Y.T. Sul, et al., Int J Oral Maxillofac Implants, 20, 3, 349-59 (2005).

Syk04 N. Sykaras, D. Woody Ronald, M. Lacopino Anthony, R. Triplett Gilbert, E. Nunn Martha, Int J Oral Maxillofac Implants, 19, 5, 667-78 (2004).

Tak03 M. Takeuchi, Y. Abe, Y. Yoshida, Y. Nakayama, M. Okazaki, e Y. Akagawa, Biomaterials, 24, 10, 1821-1827 (2003).

Tan07 Y. Tanaka, E. Kobayashi, S. Hirotomo, K. Asami, H. imai, T. Hanawa, J. Mater. Sci. Mater. Med. 18, 797-806 (2007).

Tho97 P. Thomsen, C. Larsson, L.E. Ericson, L. Sennerby, J. Lausma, B. Kasemo, Journal of Material Science: Materials in Medicine, 8, 653-665 (1997).

Tri99 J. Trice, T.D. Fletcher, L.C. Hardy e J. Kollodge, 3-M Company, CAMP 3rd Simpósio Internacional Anual sobre CMP, Lake Placid, NY (1999).

Utt91 R. R. Uttecht e R. M. Geffken, Proc. 8th VMIC, Santa Clara, CA, 20 (1991).

Van04 P. Vanzillotta, G. A. Soares, I. N. Bastos, R. A. Sim~ao, e N. K. Kuromoto, Materials Research, 7, 3, 437-444 (2004).

Var08 F. Variola, Y.-H. Yi, L. Richert, J.D. Wuest, F. Rosei, A. Nanci, Biomaterials 29, 1285-1298 (2008).

Vas11 C. Vasilescu, P. Drob, E. Vasilescu, I. Demetrescu, D. Ionita, M. Prodana, S.I. Drob, Corrosion Science, 53, 992-999 (2011).

Vel00 P. Velden, Microelectron. Eng., 50, 41 (2000).

Ver93 C.C. Verheyen, W.J. Dhert, P.L. Petit, P.M Rozing, K. Groot, J. Biomed Mater Res., 104-112 (1993).

VSa76Vander   Sande JB, Coke JR, Wulff J. Metall Trans A, 7, 389-97 (1976).

Wen95A . Wenerberg, T. Albrektsson, B. Andersson, J.J. Krol, Clin. Oral Implants Res., 6, 24-30 (1995).

Wen96 A.Wennerberg, T. Albrektsson, B. Andersson, Int. J. Oral Maxillofac. Implants, 11, 38-45 (1996).

Wen97 A. Wenerberg, A. Ektessabi, T. Albrektsson, C. Johansson, B. Andersson,. Int. J. Oral Maxillofac Implants, 12, 486-494 (1997).

Wen98 A. Wennerberg, International Journal of Machine and Tools Manufacturing, 38-657-662 (1998).

Wil81 Williams DF. Biocompatibilidade de materiais de implantes clínicos. Boca Raton, Flórida: CRC Press; (1981).

Wil97 G. Willmann, Bioceramics, 10, 353-356 (1997).

Won95 M. Wong, J. Eulenberger, R. Schenk, E. Hunziker, Journal of biomedical materials research, 29, 1567-1575 (1995).

Xu15 S. Xu, Y. Xiaoyu, S. Yuan, T. Minhua, L. Jian, N. Aidi, L. Xing, Rare Metal Mater. Eng. 44, 67-72 (2015).

Yan05 Y. Yang, K.H. Kim, J.L. Ong, Biomaterials 26, 327-37 (2005).

Yan06 Y. Yan, A. Neville, D. Dowson, S. Williams, Tribol Int, 39, 1509-1517 (2006).

Yan14 Y. Yang. Ciências da Engenharia [física]. Ecole Centrale Paris, (2014).

Zan04 P.B. Zantye, A. Kumar, A.K. Sikder, Materials Science and Engineering R, 45, 89-220 (2004).

Zha06 G. Zhao, O. Zinger, Z. Schwartz, M. Wieland, D. Landolt, B.D. Boyan, Clinical oral implants research, 17, 258-264 (2006).

Zha10 Z. Zhang, L. Weili, Z. Jingkang, S. Zhitanng, Applied Surface Science, 257, 1750-1755 (2010).

Zhu04 X. Zhu, J. Chen, L., Scheideler , et al., Biomaterials 25, 4087-4103 (2004).

Zhu89 Zhuang LZ, Langer EW. J Mater Sci 24, 381-388 (1989).

Zur13 A.S. Zuruzi, Y.H. Yeo, A.J.Monkowski, C.S. Ding, N.C. MacDonald,Nanotecnologia 24 245304 (2013).

Buy your books fast and straightforward online - at one of world's fastest growing online book stores! Environmentally sound due to Print-on-Demand technologies.

Buy your books online at
www.morebooks.shop

Compre os seus livros mais rápido e diretamente na internet, em uma das livrarias on-line com o maior crescimento no mundo! Produção que protege o meio ambiente através das tecnologias de impressão sob demanda.

Compre os seus livros on-line em
www.morebooks.shop

Printed by Books on Demand GmbH, Norderstedt / Germany